JN430397

# 식용
# 바닷물고기

이학박사 **최 윤**

교학사

# 책을 펴내며

삼면이 바다로 둘러싸여 있고, 식용으로서 수산물의 가치가 갈수록 증가함에 따라 어류에 대한 좀더 다양한 지식을 필요로 하게 되었다. 그런데 이러한 독자들의 욕구를 충족시키기에는 우리 나라에서 발행된 어류 도감으로는 부족함이 있었다. 최근 '한국어류대도감' 을 비롯한 몇 권의 어류 도감이 출판되어, 어류에 관심 있는 독자들의 궁금증을 어느 정도 해소시켜 줄 수 있게 된 점은 다행스러운 일이다.

이 책은 우리 나라 연근해에서 출현하는 약 900여 종의 어류 가운데 식용하는 238종의 해산 어류를 사진과 함께 소개했으며, 각 종에 대해서 세밀화와 형태적 특징을 명시함으로써 누구나 쉽게 어종을 구분할 수 있도록 하였다. 또, 모든 어류의 어종 본래의 색깔이 잘 나타나도록, 전국 연안의 주요 어항을 찾아서 조업을 마치고 돌아오는 어선으로부터 표본을 수거하여, 대부분 신선한 상태에서 촬영하였다.

미흡한 부분은 독자들의 조언을 바탕으로 보완할 것을 약속드리며, 좀더 자세한 어류의 정보를 알고 싶은 독자들은 '한국어류대도감' (교학사, 2005)을 참고할 것을 권해 드린다. 국내에서는 처음으로 식용하는 어류만을 다룬 본 책자를 출판하게 된 것을 기쁘게 생각하며, 아울러 어류에 관심을 가진 분들에게 필요한 책이 되기를 바란다.

끝으로, 이 책을 준비하는 수년 동안을 어류의 채집에 함께 수고한 수산과학원 김형섭 박사와 동림자연환경연구소 임환철 박사, 전북 군산 시청 노광석씨, 아쿠아사이언스 오정규 대표, 군산대학교 대학원 라혜강, 이흥헌, 정효진, 양진봉 군, 해양생명과학부의 장준호, 전형배, 김제건 군에게 감사의 뜻을 전하며, 연구비를 지원한 군산대학교 수산과학연구소와 해양개발연구소에도 감사의 뜻을 전한다. 또, 출판의 기회를 주신 교학사 양철우 사장님과 유홍희 부장님을 비롯한 편집부 여러분에게 감사를 드린다.

2007년 3월 최윤

# 차 례

## 척삭동물문 Chordata
## 척추동물아문 Vertebrata

### 먹장어강 Myxini

### 먹장어목 Myxiniformes

## 연골어강 Chondrichthyes
## 판새아강 Elasmobranchii

### 흉상어목 Carcharhiniformes

### 악상어목 Lamniformes

### 돔발상어목 Squaliformes

### 전자리상어목 Squatiniformes

# 일러두기

■ 이 책에서는 우리 나라 연근해에 출현하는 어류 가운데 식용하는 어류 238종을 수록하였으며, 현장에서 간편하게 사용할 수 있도록 포켓북으로 만들었다.

■ 분류군의 배열 순서는 Nelson(1994)의 분류 체계에 따랐으며, 학명과 국명은 '한국어류대도감'(교학사, 2005)을 근거로 하였다.

■ 어류의 종마다 학명, 외국명, 특징, 생태, 이용을 실었으며, 전장, 분포 등을 요약, 정리하였다.

■ 형태적 특징을 세밀화에 번호로 표시하여 설명함으로써 현장에서 어종을 쉽게 이해할 수 있도록 하였다.

■ 대부분의 어종 사진은 어항이나 어시장에서 살아 있는 표본을 촬영하였다.

■ 어류의 전장은 어미의 최대 전장을 기준으로 하였다.

■ 각 어종이 서식하는 국내외의 분포지를 제시하였으며, 서해, 남해, 제주도 등의 한국 지명은 국명을 생략하였다.

■ 전문 용어는 독자들이 이해하기 쉽도록 풀어쓰려고 노력하였으며, 부록에 용어 해설을 실어 필요할 때 참고할 수 있도록 하였다.

# 이 책을 사용하는 방법

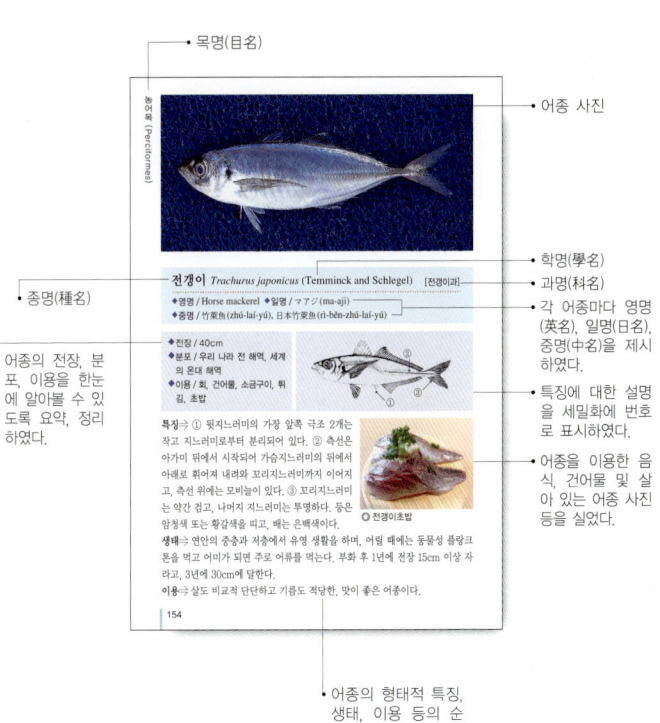

목명(目名)

농어목 (Perciformes)

어종 사진

학명(學名)

과명(科名)

**전갱이** *Trachurus japonicus* (Temminck and Schlegel) [전갱이과]

◆영명 / Horse mackerel ◆일명 / マアジ(ma-aji)
◆중명 / 竹莢魚(zhú-laí-yú), 日本竹莢魚(rì-bĕn-zhú-laí-yú)

각 어종마다 영명(英名), 일명(日名), 중명(中名)을 제시하였다.

종명(種名)

◆전장 / 40cm
◆분포 / 우리 나라 전 해역, 세계의 온대 해역
◆이용 / 회, 건어물, 소금구이, 튀김, 초밥

어종의 전장, 분포, 이용을 한눈에 알아볼 수 있도록 요약, 정리하였다.

특징에 대한 설명을 세밀화에 번호로 표시하였다.

**특징**⇒ ① 뒷지느러미의 가장 앞쪽 극조 2개는 작고 지느러미로부터 분리되어 있다. ② 측선은 아가미 뒤에서 시작되어 가슴지느러미 뒤에서 아래로 휘어져 내려와 꼬리지느러미까지 이어지고, 측선 위에는 모비늘이 있다. ③ 꼬리지느러미는 약간 검고, 나머지 지느러미는 투명하다. 등은 암청색 또는 황갈색을 띠고, 배는 은백색이다.

**생태**⇒ 연안의 중층과 저층에서 유영 생활을 하며, 어릴 때에는 동물성 플랑크톤을 먹고 어미가 되면 주로 어류를 먹는다. 부화 후 1년에 전장 15cm 이상 자라고, 3년에 30cm에 달한다.

**이용**⇒ 살도 비교적 단단하고 기름도 적당한, 맛이 좋은 어종이다.

◎ 전갱이초밥

어종을 이용한 음식, 건어물 및 살아 있는 어종 사진 등을 실었다.

154

어종의 형태적 특징, 생태, 이용 등의 순으로 설명하였다.

13

# 어류의 외부 형태 구분과 명칭

상어류

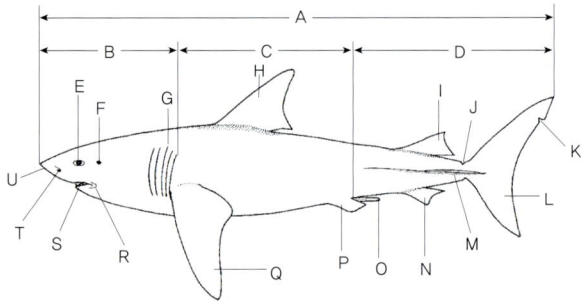

A. 전장  B. 머리부  C. 몸통부  D. 꼬리부  E. 눈  F. 분수공  G. 아가미구멍  H. 제1등지느러미  I. 제2등지느러미  J. 미기각  K. 꼬리지느러미 말단각  L. 꼬리지느러미  M. 미병 측부 융기선  N. 뒷지느러미  O. 교미기  P. 배지느러미  Q. 가슴지느러미  R. 입술주름  S. 입  T. 콧구멍  U. 주둥이

홍어류

● 등 쪽

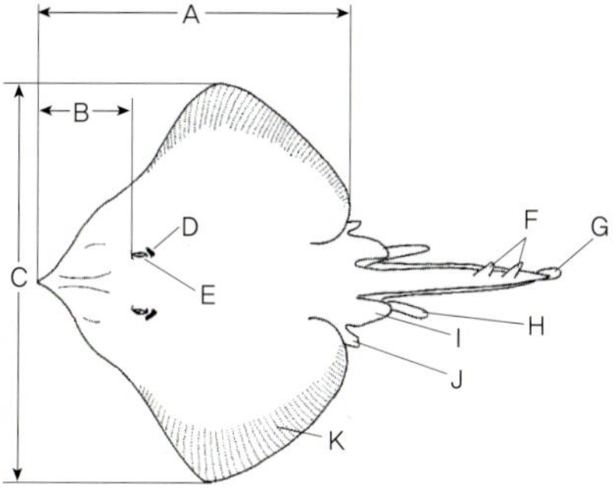

● 배 쪽

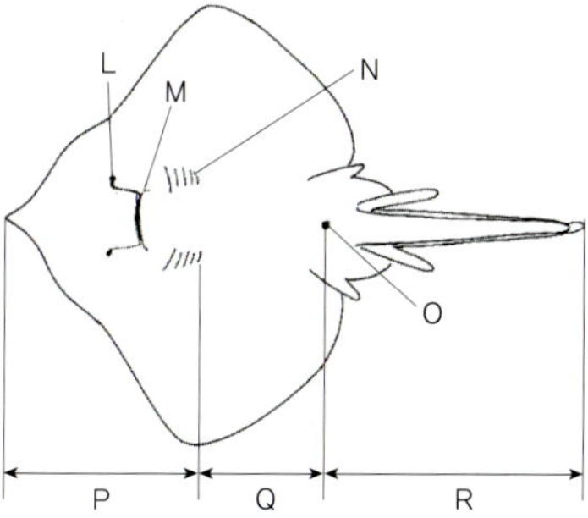

A. 체반 길이  B. 문장  C. 체반 너비  D. 분수공  E. 눈  F. 등지느러미  G. 꼬리지느러미  H. 교미기  I. 배지느러미 후엽  J. 배지느러미 전엽  K. 가슴지느러미  L. 콧구멍  M. 입  N. 아가미구멍  O. 항문  P. 머리부  Q. 몸통부  R. 꼬리부

15

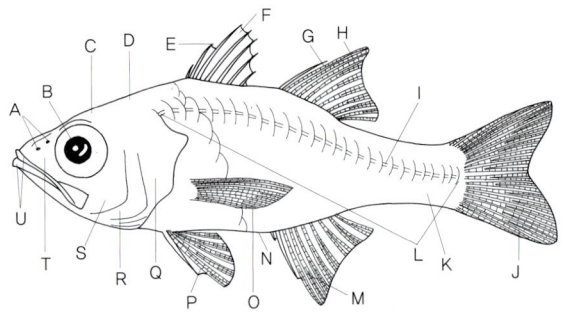

A. 콧구멍  B. 눈  C. 전두부  D. 후두부  E. 극조  F. 제1등지느러미  G. 연조  H. 제2등지느러미  I. 측선비늘  J. 꼬리지느러미  K. 미병  L. 측선공비늘 수  M. 뒷지느러미  N. 항문  O. 가슴지느러미  P. 배지느러미  Q. 새개부  R. 전새개골  S. 뺨  T. 주둥이  U. 턱

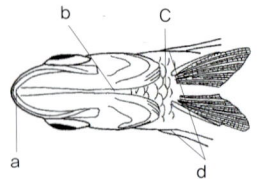

a. 봉합부
b. 협부
c. 흉부
d. 체폭

## 어류의 주요 형태와 특징

- **방추형** : 어류의 가장 대표적인 형태로, 전진할 때 물의 저항을 적게 받는다. 주로 외양이나 연근해에서 빠르게 헤엄치는 어류에서 볼 수 있다.
  예 흉상어목, 악상어목, 농어목 고등어과 · 전갱이과

방추형 어류(점다랑어)

- **측편형** : 체고가 높고 좌우로 납작한 형태로, 바위틈을 쉽게 빠져 나갈 수 있는 구조이다. 따라서 바위와 돌이 많은 곳에 사는 어류에서 볼 수 있다.
  예 농어목 돌돔과 · 도미과, 쏨뱅이목 양볼락과, 가자미목

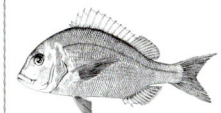

측편형 어류(참돔)

- **종편형** : 체고가 낮아서 상하로 납작한 형태의 어류이다. 바닥에 사는 저서성 어류와 심해 어류에서 볼 수 있다. 넙치와 가자미 등의 가자미목 어류는 좌우의 눈이 성장하면서 한쪽으로 돌아간 독특한 구조로 측편형에 속한다.
  예 홍어목, 아귀목, 쏨뱅이목 양태과

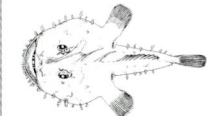

종편형 어류(아귀)

- **장어형** : 몸이 원통형으로 가늘고 길게 연장되어 있으며, 몸의 각 부분의 높이가 거의 같은 형태를 말한다. 땅에 몸을 묻는 습성을 가진 어류에서 볼 수 있다.
  예 먹장어목, 뱀장어목

장어형 어류(뱀장어)

- **구형, 복어형** : 몸이 둥글거나 곤봉과 같은 형태의 어류이다. 유영력이 떨어지고, 연안에서 천천히 헤엄치는 어류에서 볼 수 있다.
  예 쏨뱅이목 도치과, 복어목 참복과

구형, 복어형 어류(황복)

## 먹장어 *Eptatretus burgeri* (Girard) [꾀장어과]

◆영명 / Inshore hagfish, Salad eel　◆일명 / ヌタウナギ (nuta-unagi)
◆중명 / 蒲氏粘盲鰻 (pú-shì-nián-máng-mán)

◆전장 / 60cm
◆분포 / 동해 남부와 제주도를
　비롯한 남해, 일본 중부 이남
◆이용 / 양념구이

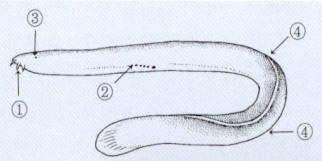

**특징**⇒ 피부는 점액으로 덮여 있어 매우 미끄럽다. ① 콧구멍과 입 양쪽에 육질로 된 3쌍의 수염이 있다. ② 머리 뒤쪽에 6쌍의 아가미구멍이 일렬로 배열되어 있으며, ③ 눈은 피부에 묻혀 있다. ④ 등지느러미와 뒷지느러미가 없다. 몸은 전체적으로 다갈색을 띤다.

**생태**⇒ 수심 100m 미만의 연안에 서식한다. 밤에 활동력이 강하고, 다른 물고기에 달라붙어 파 먹기도 한다.

**이용**⇒ 몸에 점액질이 많아서 요리를 할 때에는 점액질을 충분히 제거해야 한다. 부산 자갈치 시장 등에서 양념을 바른 구이로 인기가 있다.

## 복상어 *Cephaloscyllium umbratile* Jordan and Fowler [두톱상어과]

◆영명 / Blotchy swell shark  ◆일명 / ナヌカザメ(nanukazame)

◆중명 / 陰影絨毛鯊 (yīn-yǐng-róng-máo-shā)

◆전장 / 90cm

◆분포 / 서해 남부와 제주도를 포함한 남해, 일본 남부, 타이완, 뉴질랜드

◆이용 / 구이, 찜

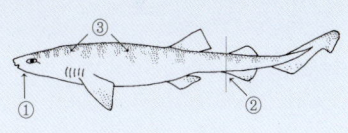

**특징⟹** ① 입술주름이 없다. ② 뒷지느러미는 제2등지느러미와 대칭으로 위치한다. 몸은 담갈색 바탕에 ③ 7~8개의 너비가 넓은 암갈색 가로 구름무늬가 있고, 몸 전체에 크고 작은 반점들이 불규칙하게 나타난다. 배는 담황색을 띤다.

**생태⟹** 난생. 수심 100m 이내의 저층부에 서식한다. 두톱상어와 비슷하지만 좀더 크고, 두톱상어에 비해 많이 잡히지 않는다.

**이용⟹** 껍질을 벗겨 쪄서 먹거나 구이로 먹는다.

## 두톱상어 *Scyliorhinus torazame* (Tanaka)　　　　[두톱상어과]

◆영명 / Cloudy catshark　◆일명 / トラザメ(torazame)

◆중명 / 虎紋猫鯊 (hǔ-wén-māo-shā)

◆전장 / 50cm
◆분포 / 서해 남부와 제주도를 포함한 남해, 일본 홋카이도 남부, 필리핀
◆이용 / 회, 구이, 찜

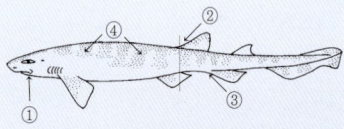

**특징**⇨ ① 입가에 입술주름이 있다. ② 제1등지느러미는 배지느러미보다 뒤에서 시작되고, ③ 뒷지느러미는 제1등지느러미와 제2등지느러미의 중간 부분의 아래에서 시작된다(복상어는 제2등지느러미와 뒷지느러미가 거의 대칭으로 위치한다.). 몸은 연한 담갈색 바탕이며, ④ 등에 진한 갈색의 가로 구름무늬가 여러 개 있다. 배는 밝은 색을 띤다.

☻ 두톱상어회

**생태**⇨ 난생. 수심 100m 이내의 저층부에 서식한다.

**이용**⇨ 흔히 잡히는 소형 상어로, 껍질을 벗겨 쪄서 먹거나 구이로 먹는다.

## 별상어 *Mustelus manazo* Bleeker

[까치상어과]

◆영명 / Starspotted smoothhound  ◆일명 / ホシザメ(hoshizame)
◆중명 / 白斑星鯊 (bái-bān-xīng-shā)

◆전장 / 1.2m
◆분포 / 서해 남부와 남해, 일본
홋카이도 이남, 남중국해
◆이용 / 회, 구이

**특징**⇒ 몸은 회색 바탕에 ① 등에 흰 점들이 흩어져 있다.

**생태**⇒ 난태생. 바닥에서 무척추동물을 주로 먹는다.

**이용**⇒ 육질이 좋고, 넙치와 비슷한 흰살 생선으로 비린내가 없다. 데치거나 회로 초고추장에 찍어 먹으면 맛이 있다. 일본에서는 '치쿠와'의 재료로 이용되는데, 이것은 별상어의 육질을 으깨어 대꼬챙이에 둥글게 발라서 굽거나 찐 식품으로, 고급 음식이다.

## 까치상어 *Triakis scyllium* Müller and Henle

[까치상어과]

◆영명 / Banded hound shark  ◆일명 / ドチザメ (dochizame)
◆중명 / 皺唇鯊 (zhòu-chún-shā), 九道箍 (jiǔ-dào-gū)

◆전장 / 1.5m
◆분포 / 서해와 남해, 일본 홋카이도 이남, 타이완, 동중국해
◆이용 / 회, 구이

**특징⇒** ① 입 양쪽 끝에는 입술주름이 잘 발달되어 있다. ② 콧구멍 위에는 비공 피부판이 있다. 몸은 연한 자갈색 바탕에 ③ 약 10개의 말안장 모양의 어두운 가로줄 무늬가 있고, ④ 흑갈색 점들이 흩어져 있다.

**생태⇒** 난태생. 육지에 가까운 연안에 서식하고, 어류와 갑각류를 먹으며, 야행성이다.

**이용⇒** 별상어와 같은 방법으로 이용되는데, 데치거나 회로 초고추장에 찍어 먹으면 맛이 있다. 서해안에서 식용으로 많이 이용된다.

# 청새리상어 *Prionace glauca* (Linnaeus)

◆영명 / Blue shark　◆일명 / ヨシキリザメ(yoshikirizame)
◆중명 / 大青鯊 (dà-qīng-shā)

◆전장 / 4m
◆분포 / 동해와 제주도, 세계의
　온대와 열대 해역
◆이용 / 구이, 어묵, 튀김

**특징**⇒ 몸이 날씬하고 ① 가슴지
느러미가 길다. 등은 파란색, 배
는 흰색을 띤다.
**생태**⇒ 태생. 무리를 지어 다니
는 어류로 오징어, 바닷새를 먹

는다. 온대와 열대 해역의 먼 거리를 헤엄쳐 다닌다. '바다의 방랑자'라고 할
정도로 이동 범위가 넓은데, 미국 동부 연안에서 대서양을 횡단하여 아프리카
연안까지 이동한 기록도 있다. 사람을 공격하는 위험한 상어이다.
**이용**⇒ 청새리상어를 비롯한 곱상어, 청상아리는 우리 나라에서뿐만 아니라 유
럽에서도 식용으로 가장 인기가 있다. 지느러미는 고급 상어 지느러미 요리로
이용된다.

# 환도상어 *Alopias pelagicus* Nakamura    [환도상어과]

- ◆영명 / Thresher shark ◆일명 / ニタリ(nitari)
- ◆중명 / 淺海長尾鯊(qiǎn-hǎi-cháng-wěi-shā), 長尾鯊 (cháng-wěi-shā)

- ◆전장 / 3.3m
- ◆분포 / 동해 남부와 남해 먼바다, 일본 남부, 인도양 · 태평양의 열대 해역
- ◆이용 / 구이, 어묵, 튀김

**특징⇒** ① 꼬리지느러미가 매우 길어서 몸통부의 길이와 비슷하다. ② 제2등지느러미는 매우 작고 배지느러미의 후단 위에서 시작된다. 살아 있을 때의 등은 청회색이고, 배는 흰색을 띤다.

◎ 흰배환도상어

유사종으로 흰배환도상어(*A. vulpinus*)가 있다.

**생태⇒** 난태생. 바다의 상층부를 활발하게 헤엄쳐 다니며 어류와 오징어류를 먹는다.

**이용⇒** 지느러미는 상어 지느러미 요리로 이용되고, 살은 어묵의 재료로 이용된다. 토막을 내어 구이로도 먹는다.

## 청상아리 *Isurus oxyrinchus* Rafinesque　　　　　[악상어과]

◆영명 / Short-fin mako　◆일명 / アオザメ(aozame)

◆중명 / 尖吻鯖鯊 (jiān-wěn-qīng-shā)

◆전장 / 4m

◆분포 / 우리 나라 전 해역, 세계
　의 온대와 열대 해역

◆이용 / 찜, 스테이크, 건어물

**특징**⇒ ① 이는 송곳처럼 뾰족하고, 먹이를 잡는
데 용이하도록 안쪽으로 휘어 있다. ② 몸의 후
반부에서 꼬리지느러미 앞까지 미병 측부 융기
선이 발달되어 있다. 등은 진한 파란색이고, 배
는 흰색이다.

**생태**⇒ 난태생. 수심 0~150m의 따뜻한 바다에
주로 서식하지만, 온도 16℃ 이하에서 잡히기도

◆ 청상아리 토막

한다. 백상아리(*Carcharodon carcharias*)와 달리 주로 경골어류를 먹는다.

**이용**⇒ 육질이 좋아 이탈리아에서는 청상아리 어업이 있을 정도이다. 건어물의
원료로도 이용되고, 이 종의 지느러미는 최고급품으로 알려져 있다. 우리 나라
경북 지방에서는 제사 음식으로 많이 이용한다.

## 곱상어 *Squalus acanthias* Linnaeus

[돔발상어과]

◆영명 / Atlantic spiny dogfish, Piked dogfish ◆일명 / アブラツノザメ(abura-tsunozame) ◆중명 / 白斑角鯊 (bái-bān-jiǎo-shā), 薩氏角鯊 (sà-shì-jiǎo-shā)

◆전장 / 1.6m
◆분포 / 우리 나라 전 해역, 극지
방을 제외한 세계의 대륙붕과
대륙 사면
◆이용 / 회, 찜, 초장무침

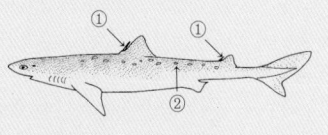

**특징⇒** ① 2개의 등지느러미 앞에 강한 가시가 있다. ② 몸에 흰 반점이 흩어져
있는 것이 특징이고, 등은 회색 또는 갈색이다.
**생태⇒** 난태생. 경골어류와 물고기알, 오징어류, 게, 새우 등의 갑각류, 조개류
등을 먹는다.
**이용⇒** 세계적으로 상품 가치가 높은 상어이며, 간과 살에 비타민 A와 지방이
풍부하다. 고기는 회를 뜨거나 초고추장에 무친다. 또, 으깬 생선을 대꼬챙이에
발라 굽거나 쪄 먹으면 맛이 좋다.

◐ 곱상어 낚시(전남 흑산도)

### ❖ 상어의 이용

우리 나라에서 상어 고기를 많이 먹는 지방은 경북 경주와 영천 지방이다. 예부터 상어 고기는 제사 음식으로 이용되어 왔고, 따라서 포항의 죽도 시장에서는 청상아리를 비롯한 무태상어, 청새리상어, 귀상어 등 많은 종류의 상어들이 경매되고 있다.

◐ 돔백이

경주와 영천을 비롯한 경북 지방에서는 냉동된 상어를 토막내어 판매하는데, 이것을 '돔백이'라고 한다. 또, 상어의 창자를 삶아 토막토막 잘라서 먹는 요리를 '두치'라고 하며, 잔치에 빼놓을 수 없는 경주 지방의 음식이다. 삶

◐ 두치

은 돼지고기에서 기름기를 뺀 것과 같은 맛이 나는데, 매우 담백하여 오히려 돼지고기 맛을 능가한다.

## 전자리상어 *Squatina japonica* Bleeker  [전자리상어과]

◆영명 / Japanese angel shark ◆일명 / カスザメ(kasuzame)

◆중명 / 日本扁鯊(rì-běn-biǎn-shā), 琵琶鯊(pí-pá-shā), 黃鯊(huáng-shā)

◆전장 / 2.5m
◆분포 / 우리 나라 전 해역, 일본, 동중국해
◆이용 / 회, 찜

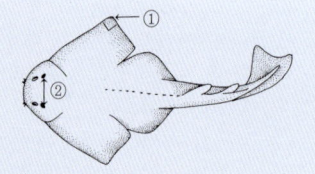

**특징**⇒ 몸이 가오리처럼 납작하고, ① 가슴지느러미의 가장자리는 약 90°의 각을 이룬다. ② 양쪽 분수공의 거리는 두 눈의 간격보다 넓다. 등은 갈색이고, 배는 흰색을 띤다.

**생태**⇒ 난태생. 모랫바닥이나 개펄 바닥에 서식하고, 경골어류와 오징어류를 먹는다.

**이용**⇒ 육질이 좋아서 회를 치거나 데쳐서 먹는다. 맛이 좋은 어종으로, 남부 캘리포니아와 페루에서는 전자리상어의 어획이 대규모로 이루어지고 있다.

## 목탁가오리 *Platyrhina sinensis* (Bloch and Schneider) [가래상어과]

◆영명 / Fanray, Thornback ray ◆일명 / ウチワザメ (uchiwazame)
◆중명 / 中國團扇鰩 (zhōng-guó-tuán-shàn-yáo)

◆전장 / 70cm
◆분포 / 제주도를 포함한 남해,
일본 남부, 남중국해
◆이용 / 회, 찜, 무침

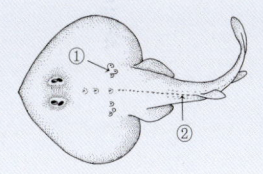

**특징**⇒ 몸의 형태는 주둥이가 약간 뾰족한 심장 모양이다. ① 눈 안쪽에 3쌍, 견대부에 3쌍의 골질돌기가 있고, ② 등의 중앙선을 따라 일렬의 딱딱한 돌기가 있다. 등은 담갈색이고 돌기가 있는 부분은 황백색을 띤다. 배는 흰색이다.
**생태**⇒ 태생. 모래에 몸을 묻고 있다가 가까이 다가온 갑각류나 작은 어류를 잡아먹는다.
**이용**⇒ 어획량이 많지 않아 많이 유통되지 않으며, 제주도에서 주로 잡힌다. 회로 먹거나 잘게 썰어 된장에 무쳐 먹는다.

등 쪽

배 쪽

## 무늬홍어 *Okamejei acutispina* (Ishiyama)  [홍어과]

- ◆일명 / モヨウカスベ (moyôkasube)
- ◆중명 / 尖棘鰩 (jiān-jí-yáo)

- ◆전장 / 1m
- ◆분포 / 제주도를 포함한 남해, 일본 중부 이남, 동중국해
- ◆이용 / 회, 찜, 탕

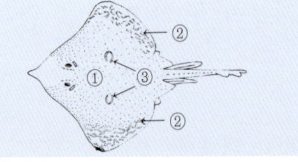

**특징**⇒ ① 체반의 등 쪽은 다갈색 바탕에 작은 암갈색 반점들이 분포하고, ② 이 점들이 이어져 줄무늬를 이루는데, 마치 벌레가 지나간 자국과 같은 무늬가 나타난다. ③ 가슴지느러미 기부에 눈과 같은 둥근 반점이 한 쌍 있고, 반점 안에는 작은 암갈색 점들이 흩어져 있다.

**생태**⇒ 수심 30~100m의 모랫바닥에 서식한다.

**이용**⇒ 홍어와 같은 방법으로 요리하나 맛은 홍어보다 못하다.

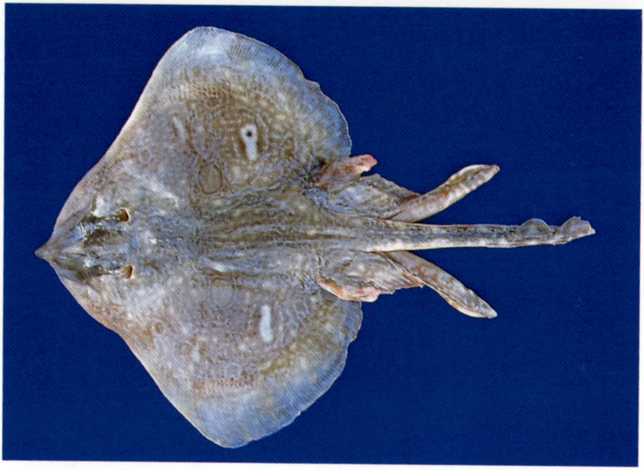

## 홍어 *Okamejei kenojei* (Müller and Henle)

[홍어과]

◆영명 / Skate ray  ◆일명 / コモンカスベ (komonkasube)
◆중명 / 斑鰩 (bān-yáo)

◆전장 / 1.5m
◆분포 / 우리 나라 전 해역, 일본
　전 해역, 동중국해, 오호츠크 해
◆이용 / 회, 찜, 탕, 무침

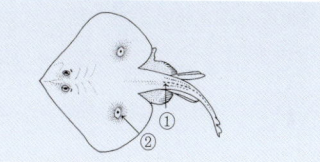

**특징**⇒ ① 꼬리부의 등 쪽에 수컷은 3열, 암컷은 5열의 가시가 있다. ② 가슴지
느러미 기부에 둥근 반점이 있고, 그 반점 안에 한 개 또는 소수의 흑갈색 점무
늬가 있다. 둥근 반점이 불분명한 개체들도 있다. 배 쪽은 흰색이고 어두운 반
점이 넓게 나타난다.

**생태**⇒ 수심 20~100m의 모랫바닥이나 개펄 바닥에 서식한다.

**이용**⇒ 회와 찜, 탕으로 다양하게 이용되며, 며칠 동안 삭혀 쏘는 냄새가 나는
것을 즐겨 먹는 미식가들도 많다.

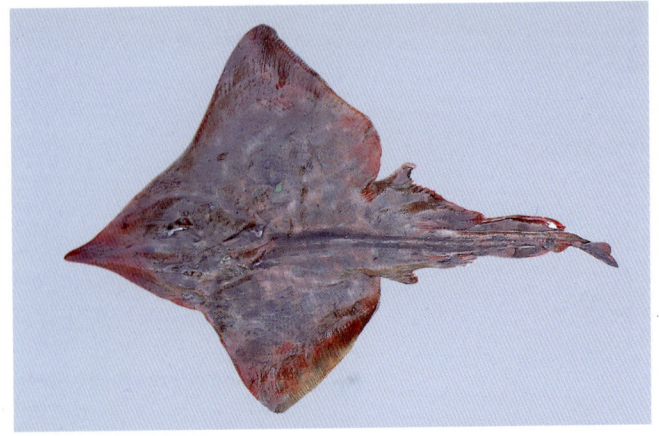

## 참홍어 *Raja pulchra* Liu [홍어과]

◆영명 / Mottled skate ◆일명 / メガネカスベ (megane-kasube)

◆중명 / 美鰩 (měi-yáo)

◆전장 / 1.5m
◆분포 / 동해와 남해, 일본 전 해역, 동중국해, 오호츠크 해
◆이용 / 회, 찜, 초장무침

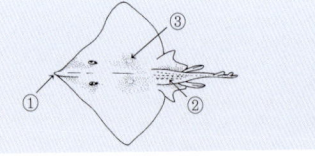

**특징⇒** ① 주둥이 끝이 길어서 그 길이는 주둥이 끝에서 제5아가미구멍까지 길이의 1/2 이상이다. ② 꼬리부의 등 쪽에 수컷은 3열, 암컷은 5열의 가시가 있다. 등은 담갈색이고, ③ 가슴지느러미 기부에 눈 모양의 둥근 반점이 있다. 배는 흰색을 띤다.

**생태⇒** 수심 20~100m의 모랫바닥이나 개펄 바닥에 서식한다.

**이용⇒** 홍어와 같은 방법으로 이용되며, 홍어류 가운데 가장 값이 비싸다. 홍어 한 마리의 값이 몇만 원인 데 비해, 참홍어는 수십만 원대이다. 또, 참홍어 값도 암컷이 수컷의 2배인데, 암컷은 수컷에 비해 육질이 부드럽기 때문이다.

## ❖ 홍어는 상한 것이 맛이 있다

홍어와 상어 등 연골어류는 체액에 요소를 함유하고 있어서 바닷물과 등장액을 이루게 되므로 몸 밖과 안쪽의 삼투압 문제를 해결한다. 그러나 이 물고기들이 죽으면 곧바로 박테리아가 작용하여 요소를 요산으로 변화시키면서 독특한 냄새를 내게 된다. 쉽게 말해서 홍어가 상하는 것인데, 이것을 삭힌다고 표현하며, 홍어의 경우는 싱싱한 것보다 삭혀서 어느 정도 신선도가 떨어진 것을 즐기는 미식가들이 많다.

◑ 홍어 건어물(전북 어청도)

그렇다면 삭힌 홍어를 이용한 것은 언제부터일까? 돛과 바람에 의존한 어선을 이용했던 옛날, 흑산도를 비롯한

◑ 참홍어회

먼바다에서 조업을 하고 육지에 돌아오려면 며칠은 항해를 해야 했고, 얼음과 냉동 기술도 없었기 때문에 아무리 시원하게 보존한다 하더라도, 육지에 돌아왔을 때 어획물은 신선도가 떨어질 수밖에 없었다. 이때 우연히 신선도가 떨어진 홍어의 독특한 맛을 알게 되었고, 그 후부터 홍어를 삭혀 먹는 방법이 시작되었다고 한다.

과거에 시골에서 잔칫날이 되면 이삼일 전에 헛간의 잿더미 속에 홍어를 던져 놓았다가 냄새가 코를 자극할 정도로 삭혀서 찜이나 탕으로 요리해 먹곤 했다. 흑산도에 가면 항아리 속에 짚을 깔고 참홍어를 얹어놓았다가 며칠 삭힌 뒤에 먹는데, 묵은 김치와 삶은 돼지고기를 곁들여 먹는다. 삭히는 정도는 눈물이 핑 돌 정도로 쏘는 맛을 즐기는 사람이 있는가 하면, 코끝을 약간 쏘는 정도의 맛을 좋아하는 사람 등 다양하다. 일반적으로 서해안에서 '간재미'라고 불리는 것이 홍어이고, 주둥이가 좀더 뾰족하고 흑산도 해역에서 주로 잡히는 것은 참홍어이다.

## 노랑가오리 *Dasyatis akajei* (Müller and Henle) [색가오리과]

- ◆영명 / Red stingray ◆일명 / アカエイ (aka-ei)
- ◆중명 / 赤魟 (chì-hóng), 黃鱝 (huáng-fèn)

- ◆전장 / 1m
- ◆분포 / 서해와 남해, 일본 남부, 타이완, 중국
- ◆이용 / 회, 구이, 조림

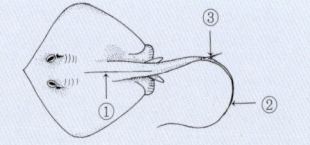

**특징**⇒ ① 어미의 등 정중앙에는 가시 모양의 작은 돌기들이 일렬로 나타난다. ② 꼬리는 실 모양으로 가늘어지며, ③ 꼬리의 등 쪽에 크고 강한 가시가 1개 있다. 등은 갈색이고, 배의 중앙부는 흰색이며 가장자리는 주황색을 띤다.

**생태**⇒ 난태생. 여름철에 내만의 얕은 모래나 개펄 바닥에 5~10마리의 새끼를 낳는데, 이 때 새끼의 체반 너비는 약 10cm이다. 먹이를 먹을 때를 제외하고는 바닥의 모래에 몸을 묻고 눈과 분수공만 내놓고 있다.

**이용**⇒ 색가오리과의 어류 가운데 가장 맛이 좋지만, 신선도가 떨어지면 암모니아 냄새가 난다.

● 체반 너비가 2m가 넘는 초대형 가오리(전북 곰소항)

## 뱀장어 *Anguilla japonica* Temminck and Schlegel [뱀장어과]

◆영명 / Japanese eel　◆일명 / ウナギ (unagi)

◆중명 / 日本鰻鱺 (rì-běn-mán-lí), 白鱔 (bái-shàn)

◆전장 / 1.3m
◆분포 / 우리 나라의 하천과 하천 주변의 연안, 일본 홋카이도 이남, 중국
◆이용 / 회, 양념구이

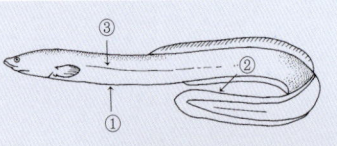

**특징⇒** ① 배지느러미는 없고, ② 등지느러미와 뒷지느러미는 꼬리지느러미와 연결되어 있다. ③ 측선은 뚜렷하다. 등은 청회색이고, 배는 광택이 있는 흰색을 띤다.

**생태⇒** 담수에서 유어기를 보내고, 늦여름에 바다로 내려가 심해에서 산란한다. 부화된 새끼는 몸이 투명하고 납작하며, 대나무 잎과 모양이 비

◎ 장어구이

슷하다. 강의 하구에 도달하면 변태하여 가늘고 투명한 실뱀장어가 된다.

**이용⇒** 뱀장어는 살과 내장에 비타민 A, D, E를 함유하고 있으며, DHA와 EPA도 풍부하다. 전북 고창의 풍천 장어는 토속 음식으로 잘 알려져 있다.

# 갯장어 *Muraenesox cinereus* (Forsskål)　　　　[갯장어과]

◆영명 / Conger pike ◆일명 / ハモ(hamo)
◆중명 / 灰海鰻(huī-hǎi-mán), 海鰻(hǎi-mán)

◆전장 / 2.2m
◆분포 / 서해와 제주도를 포함한
　남해, 일본 중부 이남, 인도양,
　서태평양
◆이용 / 데침, 양념구이

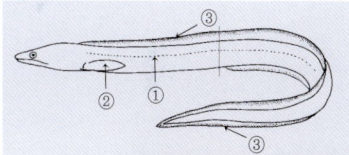

**특징**⇒ ① 항문 앞쪽의 측선공은 40~47개이다.
② 가슴지느러미는 약간 붉고, ③ 등지느러미와
뒷지느러미 가장자리는 어두운 빛을 띤다. 등은
다갈색이고, 배는 흰색을 띤다.

**생태**⇒ 얕은 바다의 모래 또는 개펄과 바위 사이
에 서식하며, 야행성이다. 자어는 뱀장어와 같이
변태기를 거치며, 5~7월에 연안에서 산란한다. 조개류와 어류 등을 먹는다.
**이용**⇒ 육질이 단단하고 지방과 비타민 A가 풍부하며, 맛이 담백하여 양념간장
을 바른 구이로 먹으면 별미이다.

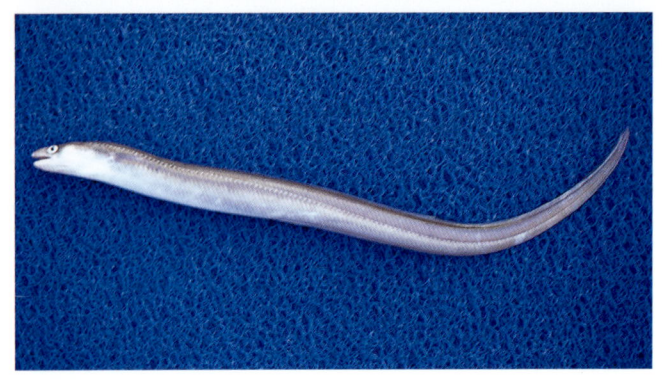

## 붕장어 *Conger myriaster* (Brevoort) [붕장어과]

◆영명 / Common conger, White-spotted conger ◆일명 / マアナゴ (ma-anago)
◆중명 / 星康吉鰻(xīng-kāng-jí-mán), 麥頭康吉鰻(mài-tóu-kāng-jí-mán)

◆전장 / 90cm
◆분포 / 우리 나라 전 해역, 일본
홋카이도 이남, 동중국해
◆이용 / 회, 양념구이, 튀김

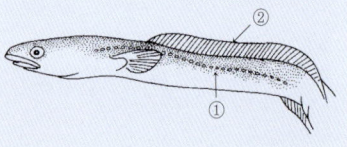

**특징⇒** ① 측선공 주변에 흰색이 뚜렷하여 측선은 머리 뒤에서 꼬리까지 일렬의 흰색 세로줄을 이룬다. 항문 앞 측선공은 39~43개이다. 등은 다갈색이고, 배는 흰빛을 띤다. ② 등지느러미와 뒷지느러미, 꼬리지느러미의 가장자리는 검은색을 띤다.

**생태⇒** 해초가 많은 모래와 개펄 바닥에 서식하고 야행성이며 작은 어류와 새우류, 조개류, 갯지렁이를 먹는다. 뱀장어와 마찬가지로 대나무 잎 모양의 유생 시기를 보낸다.

**이용⇒** 비타민 A를 다량 함유하고 있고, 지방 함유량은 뱀장어의 절반밖에 되지 않아서 맛이 담백하며, 여름철에 가장 맛이 좋다. 요리를 할 때 피부의 점액을 칼로 훑어 내어 비린내를 제거하는 일이 중요하다.

## ❖ 포장마차집의 단골 메뉴

뱀장어목 어류 가운데 식용으로 많이 이용되는 물고기로 뱀장어, 갯장어와 함께 붕장어가 있다. 붕장어는 배지느러미와 비늘이 없고, 윗입술이 위쪽으로 접혀 있으며, 또 측선공 주변에 흰 점이 있어, 몸 옆으로 한 줄의 흰 점무늬를 형성하는 것이 특징이다.

❍ 붕장어회

붕장어라는 국명 대신 '아나고' 라고 하는 일본명이 많이 사용되는데, 이 말은 '구멍 속에 들어 있는 녀석' 이란 뜻이다. 어두운 구멍을 좋아하는 습성 때문에 붙여진 이름인데, 붕장어 수족관에 파이프를 넣어 두면 낮에는 붕장어들이 어두운 파이프로 들어가 그 속을 꽉 메우게 된다. 자연 상태에서도 마찬가지로, 돌 틈과 바위 사이에 들어가 있거나 모래에 몸을 묻고 있다. 뱀장어와 마찬가지로 대나무 잎 모양의 '렙토세팔루스' 유생 시기를 거치며 변태를 하여 치어가 되는데, 수컷보다 암컷의 성장이 더 빠르다. 암컷은 전장 90cm, 수컷은 40cm까지 자란다.

비늘 없는 물고기를 먹지 말라는 구약 성서의 기록에 따라 독실한 기독교도들은 이 물고기를 멀리하는 경우도 있지만, 뼈째 잘게 썰어 회로 이용하기도 하고, 양념장을 바른 구이는 포장마차집의 단골 메뉴이다.

혈액 속에 단백질 성분의 독이 있어서 신선한 피를 다량 섭취할 경우 중독의 위험도 있다. 붕장어와 뱀장어, 곰치 등 뱀장어목 물고기의 혈액 속에 포함된 독을 '익티오헤모톡신' 이라고 하는데, 다량 섭취하면 혈변과 구토, 부정맥 등의 증상이 나타나며, 심하면 사망하기도 한다. 일반적으로 이러한 물고기의 신선한 혈액을 마실 가능성이 없고, 가열한 음식을 먹을 때에는 독 성분이 없어지기 때문에 괜찮지만, 손질할 때 피가 눈에 튀어 들어가지 않도록 주의해야 한다.

지금은 많이 사라졌지만, 양념을 발라서 연탄불에 구운 붕장어 요리는 길거리의 포장마차집에서 빼놓을 수 없는 단골 메뉴였다.

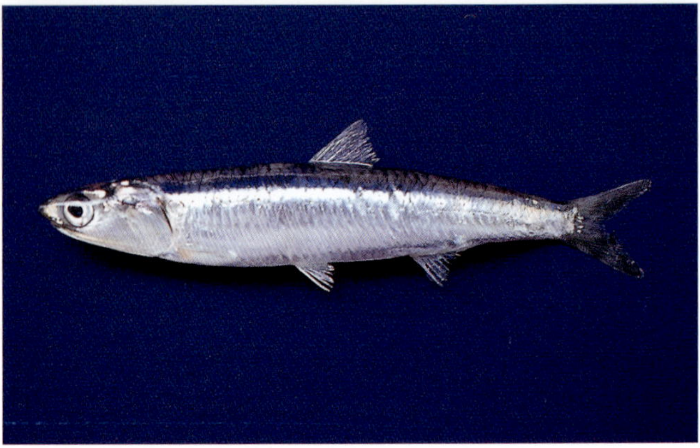

## 멸치 *Engraulis japonicus* Temminck and Schlegel [멸치과]

◆영명 / Japanese anchovy ◆일명 / カタクチイワシ (katakuchi-iwashi)
◆중명 / 日本鯷魚 (rì-běn-tí-yú), 鯷魚 (tí-yú)

◆전장 / 15cm
◆분포 / 우리 나라 전 해역, 일본, 타이완, 중국
◆이용 / 건어물, 조림, 튀김, 젓갈

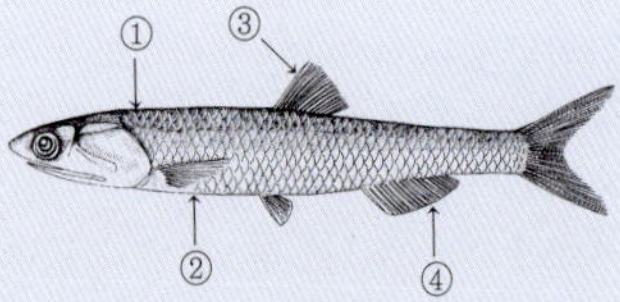


**특징⇒** ① 등은 다소 둥글고, ② 배 외곽선에 인판이 없어서 외곽선이 날카롭지 않다. ③ 등지느러미는 몸 중앙에 있으며, ④ 뒷지느러미는 등지느러미 후단부의 훨씬 뒤에 있다. 등은 진한 파란색이고, 배는 밝은 은백색을 띤다.

**생태⇒** 연안과 외양의 표층에 무리를 지어 다니며 주로 플랑크톤을 먹는다. 부화한 지 1년이면 어미가 되고, 알은 타원형의 분리 부성란이다. 잡히면 바로 죽기 때문에 멸치라는 이름이 붙여졌다.

**이용⇒** 어린 치어부터 어미까지 대부분 삶아 말린 건어물로 이용한다. 몸이 작고 지방이 적기 때문에 튀기면 맛이 좋다.

◎ 멸치 무리(제주특별자치도 모슬포)

◎ 국거리용 멸치

◎ 멸치 건어물

◎ 멸치를 손질하는 어민들(전남 여수)

## 웅어 *Coilia nasus* Temminck and Schlegel

[멸치과]

◆영명 / Estuary tailfin anchovy ◆일명 / エツ (etsu)

◆중명 / 鳳鱭 (fèng-jì)

◆전장 / 40cm

◆분포 / 서해의 큰 강 하구와 내만, 일본, 타이완, 중국

◆이용 / 회, 구이, 조림, 튀김

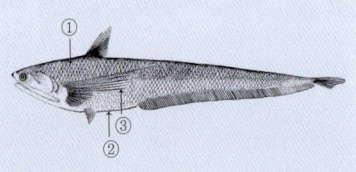

**특징⇒** ① 몸 앞의 체고가 높고 뒤로 갈수록 낮아진다. ② 배의 정중앙에는 날카로운 인판이 있다. ③ 가슴지느러미 위쪽 6개의 연조는 분리되어 있고, 실처럼 길게 연장되어 있다. 몸은 전체적으로 은색을 띠며, 등은 진한 암청색이다.

**생태⇒** 연안과 기수에서 동물성 플랑크톤을 먹고 생활하며, 산란기인 3~5월에 담수역으로 올라온다.

**이용⇒** 살은 흰색으로 담백하며, 알을 품은 것은 더욱 맛이 있다. 잔가시가 많으므로 세심한 손질이 필요하다. 신선한 것은 회로 이용되며, 충남 규암, 전북 웅포 등 금강 하구 지방에서는 '우여회'로 잘 알려져 있다.

## 준치 *Ilisha elongata* (Bennett)

◆영명 / Slender shad  ◆일명 / ヒラ (hira)
◆중명 / 鰳 (lè), 曹白魚 (cáo-bái-yú)

◆전장 / 45cm
◆분포 / 우리 나라 전 해역, 일본, 타이완, 중국
◆이용 / 양념(소금)구이

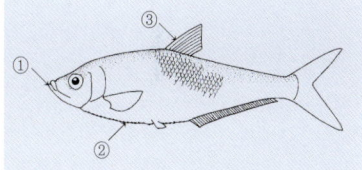

**특징**⇒ ① 아래턱이 위턱보다 약간 돌출되어 있다. ② 배는 둥글게 곡선을 이루어 반달형이며, 배의 정중앙에는 날카로운 인판이 발달되어 있다. ③ 등지느러미는 1개로 몸의 중앙에 위치한다. 등은 약간 어두운 색을 띠고, 몸의 측면과 배는 은백색이다.

**생태**⇒ 내만이나 강 하구의 바닥이 모래인 곳의 중층에 살며, 소형 어류와 연체동물 및 갯지렁이류를 먹는다. 여름철에 강의 하구 부근에 알을 낳는다.

**이용**⇒ 우리 나라의 주요 어종으로 맛이 좋다. 옛말에 '썩어도 준치' 라는 말이 있는데, 이 물고기가 매우 맛이 있다는 데서 유래된 말이다.

## 청어 *Clupea pallasii* Valenciennes [청어과]

◆영명 / Pacific herring  ◆일명 / ニシン (nishin)
◆중명 / 太平洋鯡魚 (tài-píng-yáng-fēi-yú)

◆전장 / 35cm
◆분포 / 동해, 일본, 오호츠크 해, 베링 해
◆이용 / 양념(소금)구이, 통조림

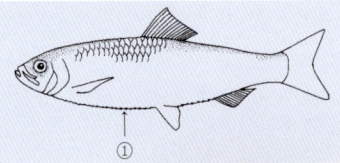

① (그림 하단)

**특징**⇒ ① 배의 정중앙에는 끝이 무딘 인판이 배지느러미 앞과 뒤에 발달되어 있다. 등은 진한 파란색이고, 배는 밝은 은백색을 띤다.

**생태**⇒ 수온이 낮은 해역에 살며 요각류와 치어를 주로 먹는다. 산란기는 3월과 5월 사이이며, 연안의 해조에 알을 붙인다. 부화 후 어미가 되는 데 약 3~4년이 걸리고, 수명은 약 12년이다.

○ 청어구이

**이용**⇒ 소금에 굽거나 양념을 발라 구우면 맛이 좋고, 회로 먹을 수도 있지만 일반적으로 청어의 육질은 신선도가 빨리 떨어지고 부패 속도가 빨라서 날것으로 먹을 때는 주의해야 한다.

○ 청어를 잡은 그물을 내리는 어민들(강원도 주문진)

### ❖ 청어

우리 나라 동해안에서 잡히는 주요 어종 가운데 하나로 청어가 있다. 청어는 맛이 좋을 뿐만 아니라 대량으로 어획되고, 비교적 값이 싸다. 또, 고등어, 삼치, 꽁치 등과 함께 EPA와 DHA를 다량 함유한 등 푸른 생선으로, 건강에 좋고 영양도 풍부한 어종이다.

산란기에 접어든 청어 무리가 방출한 정액으로 인해서 우윳빛으로 변한 바다의 모습을 유럽인들은 'white green'이라고 한다. 산란기의 청어는 기름져서 가장 맛이 좋으며 우리 나라 동해안의 청어 산란기는 겨울에서 초봄으로 알려져 있다.

일본에서 소금에 절인 청어알을 '가즈노코'라고 하며, 이것은 행운과 자손의 번창을 기원하는 의미로 정월에 먹는 대표적인 음식이다. 유럽에서는 대부분 훈제 청어를 먹는다. 훈제 청어는 'red herring', 즉 사람을 현혹시킨다는 의미가 담겨 있으며, 사냥개의 후각을 단련시키는 데 이용되었다.

## 전어 *Konosirus punctatus* (Temminck and Schlegel)  [청어과]

◆영명 / Dotted gizzard shad  ◆일명 / コノシロ (konoshiro)
◆중명 / 斑鰶 (bān-jì)

◆전장 / 25cm
◆분포 / 우리 나라 전 연안, 일본, 남중국해
◆이용 / 회, 소금구이, 조림, 초장무침

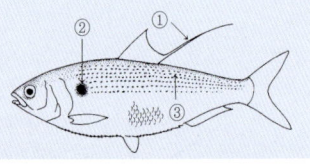

**특징**⇒ ① 등지느러미의 가장 마지막 연조는 실처럼 길게 연장되어 있다. ② 아가미 뒤에 크고 검은 점이 1개 있고, ③ 몸 상반부에 비늘 열을 따라 작고 검은 점이 줄지어 있다. 등과 몸 측면은 금속성의 광택이 있는 푸른색이고, 배는 은백색이다. 유사종으로는 조선전어(*Clupanodon thrissa*), 대전어(*Nematalosa japonica*), 납작전어(*Macrura reevesii*)가 있다.

**생태**⇒ 연근해성 어류로 강 하류에도 출현하며, 주로 규조류나 요각류 등의 플랑크톤을 먹는다. 3~6월에 강 하구에서 산란이 이루어지며, 그 후 1년이면 어미가 된다. 수명은 약 3년.

**이용**⇒ 우리 나라 전 연안에서 회, 구이 등으로 다양하게 이용되며, 최근에는 양식도 이루어지고 있다. 가을철이면 전남 광양과 충남 홍원항 등 전국적으로 많은 지역에서 전어 축제가 열려 애호가들의 입맛을 돋운다.

### ❖ 가을 전어

전어는 가을철에 회로 먹는 맛이 별미이며, 좁쌀과 섞으면 저장성이 좋아진다. 가시가 많지만 식초에 담그면 부드러워져서 먹기가 쉽다. 가시를 발라 내어 식초에 절인 '고하다'는 일본에서 초밥에 사용되는 대표적인 재료이다.

◎ 전어 요리

맛뿐만 아니라 건강에도 좋다. 전어에는 불포화 지방산이 많아 체내 콜레스테롤을 낮춰 주기 때문에 성인병 예방에도 좋다. 또, 뼈째 먹는 생선이어서 칼슘 섭취에도 도움을 준다. 전어를 뼈째 썰어 회로 먹으면 우유에 함유된 칼슘의 2배에 해당하는 칼슘을 섭취할 수 있는데, 전어의 칼슘은 체내 흡수가 쉬운 인산칼슘으로 골다공증 예방 및 치료에 효과적이다. 또, 전어에 다량 함유된 EPA와 DHA는 혈관 질환을 예방하는 역할을 하므로, 중년기 이후의 성인 건강 유지에도 도움이 된다.

전어구이는 내장을 그대로 둔 채 소금을 뿌려 숯불에 굽는데, 전어의 내장을 제거하지 않고 통째로 숯불에 구우면 내장에 함유된 불포화 지방산과 쓸개즙의 담즙산염은 지방의 분해 활성을 높여 인체 흡수율을 높이는 작용을 한다. 구이로 먹을 때에는 머리부터 꼬리까지 남기지 않고 먹어야 제 맛을 느낄 수 있다. '가을 전어 대가리 속에 참깨가 서 말', '전어 굽는 냄새에 집 나간 며느리도 돌아온다'는 속담은 예부터 우리 선조들이 즐겨 먹었던 전어의 좋은 맛에서 유래한 것이다.

국립수산과학원의 연구 결과에 의하면, 실제로 가을 전어의 지방 성분은 봄, 겨울보다 최고 3배나 높은 것으로 밝혀졌다. 또, 한방에서는 전어가 신장 기능을 돕고 위를 보호하며 장을 깨끗이 하는 효과가 있다고 하며, 아침에 손발이 붓고 팔다리가 무거우며 소화력이 떨어지는 50대 이후의 건강에 좋은 보약이 된다고 알려져 있다.

## 정어리 *Sardinops melanostictus* (Temminck and Schlegel) [청어과]

- ◆영명 / Spotted sardine ◆일명 / マイワシ (ma-iwashi)
- ◆중명 / 日本沙瑙魚(rì-běn-shā-nǎo-yú), 遠東擬沙丁魚(yuǎn-dōng-nǐ-shā-dīng-yú)

- ◆전장 / 25cm
- ◆분포 / 동해와 남해, 일본, 중국, 오호츠크 해
- ◆이용 / 회, 구이, 초밥, 건어물

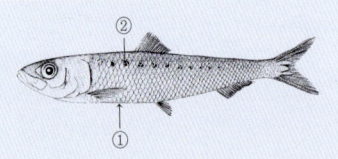

**특징⇒** ① 배의 정중앙선에는 끝이 무딘 인판이 있다. ② 체측에는 동공 크기의 검은 반점이 일렬로 배열되어 있으며, 개체에 따라 점이 희미한 것도 있다. 등은 진한 파란색이고, 배는 밝은 은청색을 띤다.

**생태⇒** 요각류 등의 플랑크톤과 소형 갑각류를 먹으며, 연안에서 먼바다에 이르는 표층에 무리를 지어 생활한다. 봄~여름에 북상하고 가을~겨울에 남하하는 대규모 회유를 한다. 부화 후 1~3년 만에 어미가 되며, 수명은 5~8년이다.

**이용⇒** 지방이 많이 축적된 산란 직전의 초가을 무렵에 가장 맛이 좋다. 신선도가 빨리 떨어지지만 회로 먹으면 매우 맛이 있는데, 칼의 금속성이 닿으면 맛이 떨어지므로 손으로 손질하는 것이 좋다.

### ❖ 칼슘과 DHA가 풍부한 정어리

정어리는 DHA와 칼슘을 많이 함유하고 있는 물고기이다.

◆ 정어리 소금절임

DHA는 혈액 속의 혈소판이 응집하지 못하게 함으로써 중성 지방이나 콜레스테롤 수치를 떨어뜨려 동맥 경화를 예방해 주는 작용을 한다. 또, 인슐린 수용체의 감도를 높여서 말초 조직의 포도당 이용률을 향상시킴으로써 당뇨병을 예방한다. 발암 촉진 물질을 합성하는 효소의 작용을 억제하고, 암세포를 공격하여 이들의 전이를 억제하는 작용도 한다.

이러한 DHA는 정어리 외에도 우리 나라 연안에서 많이 잡히고 값도 싼 전갱이와 고등어 같은 등 푸른 생선에도 많이 함유되어 있다.

골다공증은 뼈에서 칼슘과 인이 녹아 나와 작은 구멍이 많이 생기고 뼈가 쉽게 부러지는 상태가 되는 증상을 말한다. 이러한 증상은 중·장년, 특히 아이를 낳을 때 많은 에너지를 소모하는 여성에게 많다. 이 밖에도 영양의 균형이 무너져 병을 얻은 경우를 보면 칼슘 부족과 염분, 고단백 식품, 인스턴트 식품 과다 섭취에 의한 경우가 많은데, 가장 좋은 예방법은 칼슘을 많이 섭취하는 것이다. 어른은 하루에 700mg, 어린이는 800mg의 칼슘을 섭취해야 하는데, 빙어나 정어리 5마리 정도에 포함되어 있는 양이다.

이 밖에도 정어리는 모발 관리와 손톱이 잘 부러지거나 푸석해졌을 때에도 좋은 음식으로 알려져 있다. 정어리를 포함한 등 푸른 생선의 DHA는 중금속 해독 효과가 있는 것으로 알려져 있는 반면, 수은 중독의 위험성도 있어서, 임산부의 경우 정어리와 참치 통조림은 될 수 있으면 먹지 않는 것이 좋다.

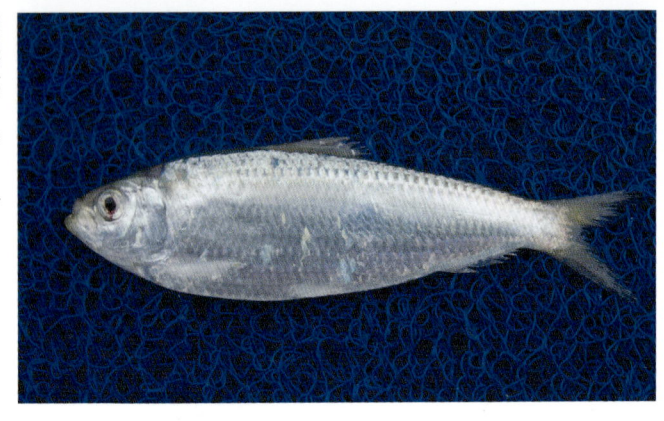

# 밴댕이 *Sardinella zunasi* (Bleeker) [청어과]

◆영명 / Japanese sardine ◆일명 / サッパ (sappa) ◆중명 / 壽南小沙丁魚
(shòu-nán-xiǎo-shā-dīng-yú), 靑鱗小沙丁魚 (qīng-lín-xiǎo-shā-dīng-yú)

◆전장 / 13cm
◆분포 / 서해와 남해, 일본, 남중
국해, 타이완
◆이용 / 소금구이, 조림, 젓갈,
건어물

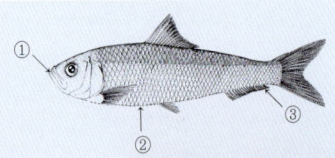

**특징**⇒ 몸이 납작하고, ① 아래턱이 위턱보다 돌
출되어 있다. ② 배의 정중앙선에 날카로운 인판
이 있다. ③ 뒷지느러미 마지막 2개의 연조는 그
앞의 연조에 비해 길다. 등은 파란색, 배는 은색
을 띤다.

**생태**⇒ 내만성 어류로, 연안과 강 하구에서 무리를
지어 생활한다. 식물성 플랑크톤을 주로 먹는다.

◐ 건어물

**이용**⇒ 밴댕이는 잔가시가 많은데, 식초에 담가 두면 먹기가 편하다. 삶아서 말
린 건어물을 조림으로 만들어 먹거나 국물을 내는 데 이용한다.

### 황어 *Tribolodon hakonensis* (Günther)

[잉어과]

◆영명 / Sea runcace, Dace  ◆일명 / ウグイ(ugui)

◆중명 / 褐三齒雅羅魚 (hè-sān-chǐ-yǎ-luó-yú)

◆전장 / 40cm
◆분포 / 동해와 남해로 유입되는
  하천, 일본
◆이용 / 회, 소금(양념)구이

**특징**⇒ 산란기가 되면 수컷은 주둥이부터 꼬리지느러미까지 노란색을 띠고, ①
가슴지느러미 기부에서 꼬리지느러미 기점까지, 눈 뒤에서 꼬리지느러미 기점
까지 황적색 줄무늬가 나타난다. 등은 갈색이고, 배는 은백색을 띤다.

**생태**⇒ 일생의 대부분을 바다에서 보내고 3~4월에 강으로 올라와 자갈이 많은
곳에 산란한다. 부화한 새끼는 성장하면서 바다로 내려가고, 잡식성으로 수서
곤충과 물고기알, 갑각류, 식물의 잎과 줄기 및 씨를 먹는다.

**이용**⇒ 양념장을 발라서 산적을 만들거나 소금구이로 이용된다.

## 은어 *Plecoglossus altivelis* Temminck et Schlegel [바다빙어과]

◆영명 / Sweet fish ◆일명 / アユ(ayu)
◆중명 / 香魚(xiāng-yú)

◆전장 / 30cm
◆분포 / 우리 나라 전 연안, 일본, 타이완
◆이용 / 회, 소금구이, 조림

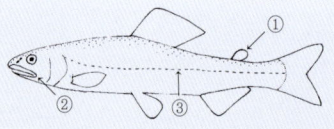

**특징**⇒ ① 등지느러미 뒤에 기름지느러미가 있다. ② 입이 크고, 턱의 끝은 눈의 뒤까지 이른다. ③ 측선은 반듯하고 뚜렷하다.

**생태**⇒ 3~4월에 하천을 거슬러 올라가 세력권을 형성하며, 돌에 부착된 조류를 먹고 자란다. 하천의 중·하류에서 9월 무렵 산란한 다음 어미는 죽는다. 부화된 어린 새끼들은 연안으로 내려가서 동물성 플랑크톤을 먹고 월동한다. 전장 30cm 가까이 자라며, 보통은 15~25cm의 것이 많다.

**이용**⇒ 지방이 풍부한 7~8월에 맛이 있지만, 그보다 약간 이른 시기의 은어에서 수박 향기가 진하게 난다. 또, 알을 품고 있는 은어도 맛이 좋아 인기가 있다.

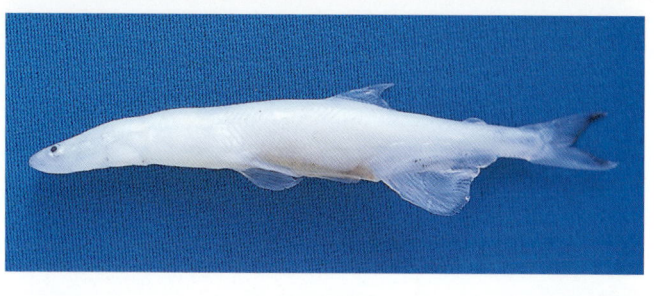

## 뱅어 *Salangichthys microdon* Bleeker [뱅어과]

◆영명 / Glass fish ◆일명 / シラウオ(shirauo)
◆중명 / 小齒日本銀魚(xiǎo-chǐ-rì-běn-yín-yú)

◆전장 / 12cm
◆분포 / 서해와 동남해, 일본, 사할린
◆이용 / 튀김, 젓갈, 건어물, 회

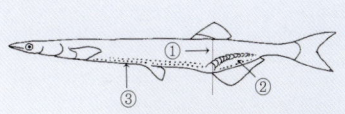

**특징⇒** 머리는 상하로 납작하고, ① 뒷지느러미 기부의 체고가 가장 높다. ② 수컷의 뒷지느러미 기부에는 17~18개의 비늘이 있다. 몸은 투명하고 푸른빛을 띠며, 죽은 뒤에는 흰색으로 변한다. ③ 배에 2줄의 검은 점이 세로로 배열되어 있다. 유사종으로는 벚꽃뱅어(*Hemisalanx prognathus*), 도화뱅어(*Neosalanx andersoni*), 국수뱅어(*Salanx*

◑ 뱅어회

*ariakensis*), 실뱅어(*N. hubbsi*), 젓뱅어(*N. jordani*), 붕퉁뱅어(*Protosalanx chinensis*)가 있다.

**생태⇒** 연안이나 기수에 서식하고, 주로 동물성 플랑크톤을 먹는다. 산란기는 3~4월이고, 수심 2~3m의 모랫바닥에 산란한다. 부화 후 자어는 바다로 내려가 성장한다.

**이용⇒** 어린 개체들은 말려서 조림으로 먹으며, 어미는 튀겨 먹어도 맛이 있다.

위 : ♂, 아래 : 우

## 연어 *Oncorhynchus keta* (Walbaum)  [연어과]

◆영명 / Chum salmon, Dog salmon　◆일명 / サケ (sake)

◆중명 / 大麻哈魚(dà-má-hā-yú)

◆전장 / 1m
◆분포 / 동해 중부 이북의 하천,
　일본 북부, 베링 해 등 북태평양
◆이용 / 회, 소금구이, 훈제구이,
　스테이크, 샐러드, 초밥

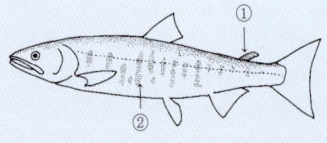

**특징**⇒ ① 등지느러미 뒤에 기름지느러미가 있다. ② 산란기에는 몸에 홍자색의 불규칙한 가로무늬가 나타난다. 산란기의 수컷은 턱이 심하게 구부러지고, 머리와 몸통이 만나는 부분이 오목해진다. 등은 흑청색, 배는 은백색을 띤다.

**생태**⇒ 부화 후 어미가 되는 데 걸리는 기간은 개체에 따라 차이가 심하여 2년에서 7년이 걸린다. 바다에서 살다가 9~11월에 강으로 올라와 알을 낳는다. 자갈이 깔린 곳에 수컷이 산란장을 만들고, 알을 낳은 후에는 암컷이 지느러미를 이용하여 알을 자갈로 덮어 보호하며, 산란 직후 어미는 모두 죽는다.

**이용**⇒ 회, 샐러드, 구이, 스테이크 등 다양하게 이용된다.

❂ 산란을 위해 강으로 올라오는 연어들(강원도 양양 남대천)

### ❖ 연어 요리

일반적으로 산란을 위해 강을 거슬러 오르는 연어를 잡아 식용하는데, 이것은 바다에서 잡은 것에 비해 상품 가치가 떨어진다.

최근 미국 예일 대학의 연구에 의하면 연어에는 불포화 지방산이 다량 함유되어 있어서 지친 피부 세포를 회복하고 보습하는 효과가 탁월하다고 한다. 미국 드라마 '섹스 앤 더 시티'의 킴 캐트럴이 50세의 나이에도 젊음을 유지하는 비결이 연어 요리를 즐겨 먹는 데 있다고 한다. 연어는 심장 질환에도 예방 효과가 있는 것으로 알려져 있다.

❂ 연어회          ❂ 연어초밥          ❂ 연어알초밥

**송어** *Oncorhynchus masou masou* (Brevoort)　　　　[연어과]

◆영명 / Trout, Cherry salmon　◆일명 / サクラマス(sakura-masu)
◆중명 / 馬蘇大麻哈魚(mǎ-sū-dà-má-hā-yú)

◆전장 / 80cm(육봉형 = 40cm)
◆분포 / 동해의 북부 하천, 일본,
　오호츠크 해
◆이용 / 회, 소금구이, 훈제구이

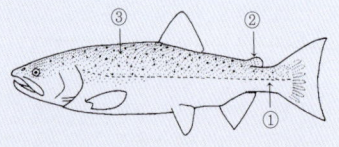

**특징⇒** ① 연어과의 다른 종에 비해 비교적 미병부가 짧다. ② 등지느러미 뒤에
는 기름지느러미가 있다. 암컷은 등과 머리가 암청색이고, 배는 은백색을 띤다.
③ 등에 작은 검은 점이 있으나 개체에 따라 변이가 심하다. 육봉형은 '산천어'
라고 하며, 등에 검은 점이 뚜렷하다. 말안장과 같은 약 8~10개의 가로줄 무늬
가 아가미 뒤에서 꼬리지느러미 앞까지 배열된다.
**생태⇒** 치어는 봄에 수서 곤충을 주로 먹고, 바다에서는 작은 물고기를 먹는다.
바다에서 살다가 9~10월에 강으로 올라와서, 수컷이 만든 여울의 산란장에 알
을 낳는다.
**이용⇒** 육질에 지방이 많고, 산란을 위해 강을 거슬러 올라갈 무렵의 것들이 가
장 맛이 좋으며, 회와 소금구이 등으로 요리해서 먹는다.

### ❖ 산천어와 무지개송어

송어는 연어과의 다른 물고기에 비해 대규모로 이동하지 않고, 분포도 동아시아에 한정되어 있으며, 어획량도 연어에 비해 매우 적은 편이다. 또, 경계심이 강해서 송어를 낚기 위해서는 제법 세련된 낚시 솜씨가 필요하고, 계곡의 낚시 대상으로 인기가 있는 물고기이다.

바다에 사는 송어가 계곡으로 올라와 민물에 완전히 적응하여 사는 물고기를 '산천어'라고 하는데, 산천어의 몸에는 여러 개의 말안장과 같은 아름다운 무늬가 있다.

강원도 계곡에서는 송어와 비슷한 무지개송어(*Oncorhynchus mykiss*)가 많이 양식되고 있는데, 연어과의 다른 물고기에 비해 비교적 따뜻한 수온에 잘 적응한 어종이다. 몸의 형태는 송어와 같고, 배를 제외한 몸 전체에 검은 점들이 흩어져 있는 것이 특징이며, 살아 있을 때에는 체측 중앙에 분홍빛 세로줄 무늬가 나타난다. 양식 무지개송어는 매우 맛이 있어서 자연산만을 고집하는 미식가들에게도 인기가 있다.

❂ 산천어

❂ 무지개송어

## 매퉁이 *Saurida undosquamis* (Richardson)　　　　[매퉁이과]

◆영명 / Lizardfish　◆일명 / マエソ(ma-eso)

◆중명 / 花斑蛇鯔(huā-bān-shé-zǐ), 多齒蛇鯔(duō-chǐ-shé-zǐ)

◆전장 / 50cm

◆분포 / 서해와 남해, 일본 중부 이남, 타이완, 남중국해, 인도양

◆이용 / 탕, 어묵

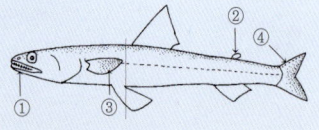

**특징**⇒ ① 양턱에는 여러 줄의 이가 있다. ② 등지느러미 뒤에 작은 기름지느러미가 있다. ③ 가슴지느러미가 길어서 후단은 배지느러미 기부를 지난다. ④ 꼬리지느러미 위쪽 가장자리에 일렬의 검은 점이 있다. 등은 황갈색이고, 배는 은백색을 띤다.

**생태**⇒ 수심 30~70m, 수온 18℃, 염분도 34‰ 전후의 모랫바닥이나 개펄 바닥에 서식하며, 육식성으로 갑각류와 작은 물고기를 먹는다.

**이용**⇒ 흰살 생선으로 뼈가 많지만 어묵의 좋은 재료가 된다. 매운탕으로 이용된다.

## 붉은메기 *Hoplobrotula armata* (Temminck and Schlegel) [첨치과]

◆영명 / Armored brotula ◆일명 / ヨロイイタチウオ(yoroi-itachiuo)
◆중명 / 棘鼬鳚(jí-yòu-wèi), 棘鳚(jí-wèi)

◆전장 / 70cm
◆분포 / 동해 남부와 제주도, 일본 남부, 동중국해
◆이용 / 탕

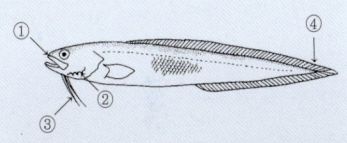

**특징**⇒ ① 주둥이는 짧고 뭉툭하며, ② 전새개골에 3개의 가시가 있다. ③ 턱의 후단부 아래쪽에 실 모양의 수염이 1쌍 있다. ④ 등지느러미와 뒷지느러미는 꼬리지느러미와 연결되어 있다.

◘ 그물메기

등에는 홍갈색 반점들이 있고 반점 주변은 흰색을 띤다. 배는 은백색이다. 유사종으로는 그물메기(*Neobythites sivicola*)가 있다.
**생태**⇒ 수심 200~300m의 저층에 서식한다.
**이용**⇒ 담백한 흰살 생선이며, 매운탕으로 이용된다.

## 대구 *Gadus macrocephalus* Tilesius  [대구과]

◆영명 / Pacific cod  ◆일명 / マダラ (ma-dara)
◆중명 / 大頭鱈 (dà-tóu-xuě), 鱈 (xuě)

◆전장 / 1.2m
◆분포 / 우리 나라 전 해역, 북위 34° 이상의 북태평양
◆이용 / 탕, 훈제, 조림, 건어물

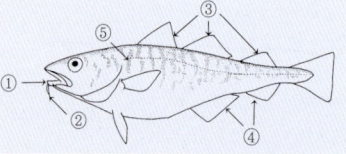

**특징**⇨ ① 아래턱의 길이가 위턱보다 약간 짧으며, 양턱에 빗살 모양의 이가 있다. ② 주둥이 아래 중앙에는 길이가 눈 지름과 비슷한 1개의 수염이 있다. ③ 등지느러미는 3개, ④ 뒷지느러미는 2개이다. 몸은 담황색 바탕에 ⑤ 적갈색 구름무늬가 있고, 배는 밝은 색이다.

**생태**⇨ 차가운 수역의 수심 10~500m에 이르는 대륙붕과 대륙 사면에 서식한다. 어류와 갑각류를 먹으며, 12~3월에 수심이 낮은 곳으로 이동하여 개펄과 모랫바닥에 산란한다. 수컷은 3년, 암컷은 4년 만에 어미가 된다. 여름철에는 먹이 활동을 위하여 깊은 곳으로 이동한다.

**이용**⇨ 살은 흰색이며, 담백해서 다양한 요리에 이용된다. 회로 먹을 수도 있으나 신선도가 빨리 떨어지기 때문에 현지에서 잡은 것 외에는 불가능하다.

## ❖ 동해의 대구보다 작은 서해의 대구

일반적으로 물고기는 1개 또는 2개의 등지느러미와 1개의 뒷지느러미를 가지고 있지만, 대구와 명태는 독특하게 3개의 등지느러미와 2개의 뒷지느러미를 가지고 있다. 대구과에 속하는 이 물고기들은 한류성 어류로, 모두 북태평양과 북대서양의 차가운 수역에 서

❖동해의 대구(강원도 주문진)

식하고 있다. 우리 나라에서 명태는 동해안에서만 볼 수 있지만, 대구는 동해와 남해, 서해안에 모두 출현한다. 그런데 서해에서 나오는 대구는 동해안의 대구에 비해 크기가 작아서 '왜대구'로 불리기도 한다. 어미의 전장이 동해안에서 나오는 물고기의 절반밖에 되지 않는다. 그렇다면 동일한 대구가 왜 이런 크기 차이가 나는 것일까?

동해안의 한류가 세력이 강해지는 때가 있었는데, 남하하는 한류가 제주도 근해에서 난류에 막혀 그 세력이 서해로 올라가게 되었다. 이 때 동해안 대구의 일부가 서해로 가게 되었고, 오랜 세월이 지나는 동안 오늘날 서해안에 서식하는 작은 대구로 되었을 것으로 추측되고 있다.

서해의 대구는 수심 100m 정도의 깊이를 중심으로 서식하는데, 한류성 어류인 대구가 서식하기에는 동해에 비해 좋은 여건이 아니다. 따라서 본래의 고향을 떠나 서해에 정착한 대구가 충분히 자라기는 어려울 것으로 생각된다. 서해는 수심이 50m 미만인 얕은 곳이 많아서 여름철에 수온이 높은 관계로 한류성의 대구가 서식하기에 적합하지 않으며, 수심 100m 이상 되는 해역은 그리 넓은 편이 아니다. 서해의 대구는 이 좁은 해역에서 여름을 지내야 한다.

동해의 대구는 경남의 남해와 전남의 광양만까지 회유하고, 서해의 대구는 흑산도 근해에서 이북까지 해저를 중심으로 서식하는 것으로 알려져 있다. 그러나 최근에는 서해에서도 동해안에서 잡히는 대구 못지않게 큰 대구들이 잡히고 있어서 연구 대상이 되고 있다.

## 명태 *Theragra chalcogramma* (Pallas)　　　　[대구과]

◆영명 / Walleye pollock　◆일명 / スケトウダラ(suketô-dara)
◆중명 / 黃線狹鱈(huáng-xiàn-xiá-xuě), 明太魚(míng-tài-yú)

◆전장 / 80cm
◆분포 / 동해 중부 이북, 일본 북부, 오호츠크 해, 베링 해 등의 북태평양
◆이용 / 탕, 조림, 건어물

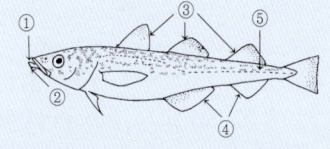

**특징**⇒ ① 아래턱이 위턱보다 길고 입이 크다. ② 주둥이 아래의 수염은 매우 작아서 거의 보이지 않는다. ③ 등지느러미는 3개, ④ 뒷지느러미는 2개이다. 몸은 담색 바탕에 ⑤ 체측에는 갈색 반점이 세로로 배열되어 3개의 줄무늬를 이룬다. 등은 진한 갈색이고, 배는 흰색이다.

**생태**⇒ 냉수성 어류로, 수심 2000m에 이르는 수역의 표층과 중층에 서식하며, 멸치, 정어리 등의 물고기와 작은 갑각류, 오징어 등을 먹는다. 부화한 지 3~4년 후 전장 30cm 정도가 되면 어미가 되고, 8~9년 후에는 50cm에 달한다.

**이용**⇒ 생태, 동태, 황태, 노가리(어린 명태), 명란젓 등을 식용으로 이용하는 방법은 매우 다양하다. 동해 중부 이북의 어항에서는 명태국을 비롯하여 명태지리, 매운탕, 알탕, 북어국, 명태완자탕, 명태지짐이, 명태모듬찌개 등의 명태를 재료로 한 음식들이 발달하였다.

## ❖ 명태

명태를 식용으로 이용하는 방법은 매우 다양하다. 명태를 잡아 냉동시키지 않은 것을 생태, 냉동시킨 것을 동태라고 하며, 말린 것은 황태라고 한다. 또, 선태, 강태, 망태, 왜태, 삼태, 노가리(어린 명태) 등도 명태의 제품이나 상태, 또는 지역에 따라 붙여진 이름들이다. 명

● **명태 덕장**(강원도 대관령)

태가 이처럼 많은 이름을 가진 것은, 우리 조상들이 예부터 명태를 식품으로 널리 이용하였음을 의미한다. 알은 명란젓이라고 하여 우리 나라 사람들이 즐겨 먹는 식품 중의 하나이다.

명태는 대구보다 더 북방의 한류성 어류로, 베링 해, 오호츠크 해 등지의 북태평양 북부와 우리 나라 동해 북부에 주로 서식하며, 겨울철에는 경북의 포항 근해까지 남하한다. 예부터 우리 선조들의 주요 식품으로 사랑을 받아 온 물고기로, 과거에 함북 산촌의 농민 가운데 영양 부족으로 거의 시력을 잃을 뻔한 사람들이 있었는데, 겨울 동안 어촌으로 내려가 명태 간유를 먹고 눈이 밝아졌다는 말도 전해져 내려온다.

그러나 한류성 어종인 명태는 지구 온난화의 영향으로 수년 전부터는 동해에서 어획량이 크게 감소하였고, 지금은 러시아 근해에서 잡은 원양 명태가 옛날의 명성을 대신하고 있다. 북태평양에서 잡은 명태는 얼린 상태(동태)로 동해안의 각 어항으로 운반되어 내장을 제거한 다음 차가운 바닷바람에 10~20일 동안 건조하면 딱딱한 북어가 된다.

강원도 인제나 평창에서는 노끈으로 나무를 이어 만든 덕장에 명태를 걸어 말리는 모습을 흔히 볼 수 있는데, 12월부터 덕장에 내 건 명태는 이듬 해 4월까지, 낮에는 녹고 밤에는 어는 과정을 되풀이하면서 노란 빛을 띤 황태가 된다. 황태는 대관령이나 진부령과 같이 추운 지역에서 강한 바람을 쐬어 말려야 제 맛이 난다.

## 아귀 *Lophiomus setigerus* (Vahl)  [아귀과]

◆영명 / Black mouth goosefish, Angler  ◆일명 / アンコウ(ankō)

◆중명 / 黑鮟鱇 (hēi-ān-kāng)

◆전장 / 1m
◆분포 / 우리 나라 전 해역, 일본
  홋카이도 이남, 동중국해, 인도
  양, 서태평양, 아프리카
◆이용 / 찜, 탕, 전골

**특징**⇒ ① 몸 옆에는 나뭇잎 모양의 많은 피판이 있고,
② 제1등지느러미의 제1극조는 길이가 매우 길고, 유인돌
기(illicium)로 변형되어 있다. 몸은 적갈색 또는 회갈색
이고, 배는 밝은 색을 띤다. 입 안에 흰색 반점들이 있다.
**생태**⇒ 수심 30~500m의 모래나 개펄 바닥에 서식한
다. 모래 속에 몸을 묻고, 등지느러미가 변형된 유인돌기
를 이용하여 먹이를 유인한다.
**이용**⇒ 찜이나 탕 요리로 많이 이용한다.

◎ 아귀찜

## ❖ 아귀 머리 수프와 아귀 간 요리

아귀과 어류는 세계적으로 4속 25종이 있으며, 우리 나라에는 아귀를 비롯하여 용아귀(*Lophiomus insidiator*), 황아귀(*Lophius litulon*) 등 3종이 있다. 맛은 황아귀가 가장 뛰어난 것으로 알려져 있으나, 우리 나라 연안에서 가장 흔한 것은 아귀이다.

◐ 특히 유럽에서 인기가 있는 아귀

아귀는 수심 수십m에서 500m 정도의 바다에서 생활하는데, 다 자란 어미의 전장은 1m에 달하며, 50cm 이상의 개체는 흔하지 않다. 바닥에 살고 있으므로 주로 저인망이나 걸그물로 잡는다.

우리 나라뿐만 아니라 해외에서도 식용으로 쓰이는데, 특히 유럽에서 인기가 있다. 유럽에서 보통 아귀의 머리는 수프의 재료로 사용되고, 담백한 살은 흰색을 띠는데, 바닷가재 요리와 비교될 만큼 맛이 매우 뛰어나다. 또, 육질이 오리고기와 비슷하여 영명으로 'goosefish'라고 하기도 한다.

특히 아귀의 간은 진한 맛이 일품이며, 지방과 비타민 A, D가 많이 함유되어 있어 식용 부위 중 가장 중요하게 여겨지는 부분이다. 아귀의 간 요리는 끈기가 있고 맛이 좋아서 세계 3대 진미의 하나인 '푸와 그라(foie gras, 프랑스 요리로, 옥수수를 억지로 먹여 살찌운 집오리의 간 요리)'와 견줄 정도로 인기가 있다.

일본의 어시장에서는 간을 보여 주기 위해 배가 갈린 채 간을 드러내고 있는 아귀의 모습을 쉽게 볼 수 있는데, 대부분 아귀의 가격은 간의 크기에 의해서 결정되기 때문이다. 간을 뺀 아귀는 값이 매우 싸다.

중국에서는 아귀를 '합마어(哈蟆魰)'라고 하여 약용으로 이용하는데, 아귀의 위 속에 있는, 채 소화되지 않은 물고기를 햇볕에 말려 가루를 낸 뒤 복용하면 위염과 위산과다에 치료 효과가 있는 것으로 알려져 있다.

## 가숭어 *Chelon haematocheilus* (Temminck and Schlegel) [숭어과]

◆영명 / Redlip mullet  ◆일명 / メナダ(menada), ナガレフライボラ(nagare-fūrai-bora)

◆중명 / 紅眼鯔魚(hóng-yǎn-zī-yú), 赤眼棱鯪(chì-yǎn-léng-líng)

◆전장 / 1m
◆분포 / 우리 나라 전 해역, 일본, 중국
◆이용 / 회, 소금구이, 탕

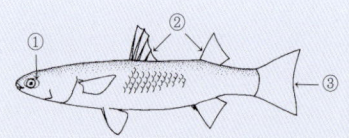

**특징**⇒ 눈에 노란색의 테두리를 이루고, ① 눈 위를 덮고 있는 지검(脂瞼)이 약하게 발달되어 있다. ② 등지느러미는 2개이고 제1등지느러미의 가시는 4개이다. ③ 꼬리지느러미 뒤 가장자리는 비교적 얕게 패어 있다. 등은 진한 청갈색이고, 배는 흰색이며, 각 비늘에 흑갈색 점무늬가 있어서 여러 개의 세로줄을 형성한다. 유사종으로는 숭어(*Mugil cephalus*), 등줄숭어(*C. affinis*)가 있다.

**생태**⇒ 내만이나 연안에 서식하며, 새끼는 담수까지 들어온다. 산란기는 10월 무렵이다.

**이용**⇒ 숭어에 비해 맛은 조금 떨어지지만, 숭어와 거의 동등하게 취급된다.

## ❖ 숭어와 가숭어

우리 나라에는 숭어, 가숭어, 등줄숭어 등 3종의 숭어가 있는데, 널리 살고 있어 많이 잡히는 종은 숭어이다.

숭어는 바다와 기수역을 오가면서 일생을 보내다가 산란기에 강의 연안과 하구에 모습을 나타낸다. 가숭어는 눈에 노란색 테두리가 있고, 꼬리지느러미가 안쪽으로 매우 얕게 패어 있다. 그러나 숭어는 눈에 노란색 테두리가 없고, 가숭어에 비해 꼬리지느러미 뒤 가장자리가 깊게 패어 있어서 두 종이 구분된다.

많은 지역의 어민들이 가숭어를 참숭어로 부르는 경향이 있는데, 이것은 잘못된 것이다. 서해안 대부분의 연안에서 가숭어와 숭어가 함께 잡히며, 다 자란 어미의 전장이 1m에 달하는 가숭어가 숭어에 비해 약간 크다.

정약전(丁若銓)의 「자산어보(玆山魚譜)」에는 숭어와 가숭어에 관한 기록이 있다. 그런데 이 두 어종에 대한 설명이 바뀌어 있어, 오늘날 어민들이 가숭어를 참숭어로 부르는 것도 이와 관계가 있는 것으로 여겨진다. 즉, 「자산어보」에서는 숭어에 대하여, "눈은 작고 노라며, 머리는 편평하고 배는 희다."라고 기록되어 있는데, 눈이 노란 것은 가숭어의 특징이다. 또, 가숭어에 대하여 "눈이 까맣고 민첩하다."라고 기록하고 있는데, 역시 까만 눈은 가숭어가 아닌 숭어의 특징이다.

◎ 숭어(위)와 가숭어(아래)

## 숭어 *Mugil cephalus* Linnaeus [숭어과]

◆영명 / Gray mullet ◆일명 / ボラ(bora)

◆중명 / 普通鯔魚(pǔ-tōng-zī-yú), 大頭鯔(dà-tóu-zī)

◆전장 / 80cm

◆분포 / 우리 나라 전 해역, 세계
의 온대와 열대 해역

◆이용 / 회, 소금구이, 탕

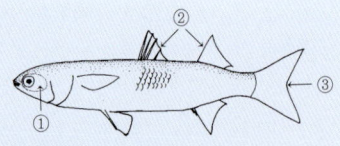

**특징**⇒ ① 투명한 지검(脂瞼)이 잘 발달되어 눈 전체를 덮고 있다. ② 등지느러미는 2개이고 제1등지느러미의 가시는 4개이다. ③ 꼬리지느러미 뒤 가장자리는 안쪽으로 깊게 패어 있다. 등은 회청색이고, 배는 은백색이다. 각 비늘의 중앙에는 어두운 반점이 있어서 몸에 여러 개의 세로줄이 있는 것처럼 보인다. 가슴지느러미 기저의 위쪽에 파란색 반점이 있다.

**생태**⇒ 내만에 주로 서식하고, 진흙 속의 유기물이나 미소 조류를 먹는다. 새끼들은 담수까지 들어오고, 산란을 위해 연안 밖으로 회유하기도 한다.

**이용**⇒ 어린 새끼 숭어를 '몰치' 라고 하는데, 뼈까지 회로 먹기도 한다.

### ❖ 숭어

숭어는 노사신(盧思愼)의 「동국여
지승람」을 비롯하여 정인지(鄭麟
趾)의 「세종실록 지리지」, 이성지
(李成之)의 「재물보(才物譜)」와 유
희(柳僖)의 「물명유고(物名類考)」
등 많은 고서에 소개되었을 정도로
예부터 우리에게 친숙한 물고기로,
생긴 모양도 날렵하여 '수어(秀魚)'

● 정치망으로 잡은 숭어(충남 태안)

라고도 하였다. 또, 물 위로 뛰는 습성 때문에 「물명유고」에는 '희초망
(喜超網)', 즉 "그물을 잘 뛰어넘는다."는 기록도 있다. 정약전(丁若銓)
의 「자산어보(玆山魚譜)」에는 "고기의 맛은 좋고 깊어서 물고기 중에서
첫째로 꼽는다. 이 물고기를 잡는 시기는 일정하지 않으나 3~4월에 알
을 낳기 때문에 이 때 그물로 잡는 사람이 많다."는 기록이 있는데, 예
부터 식용으로 많이 이용된 물고기임을 알 수 있다.

숭어는 온수성 물고기로서 20℃ 이상의 수온에서 활발하게 활동하는
데, 먹이를 구하기 위해 하구에서 생활하는 시기도 수온이 상승하는 봄
에서 여름까지이다. 숭어는 10월부터 이듬해 1월 사이에 먼바다에서 산
란하는 것으로 알려져 있다. 그리고 기수에서 1년생의 어린 새끼 숭어
를 흔히 볼 수 있는데, 이러한 어린 새끼 숭어를 '몰치'라고 한다.

일본에서는 '가라스미'라고 하여 숭어의 난소를 가공한 식품이 인기
가 있다. 맛이 좋은 물고기로 중국 문헌 「장강어류」에는 "살은 연하고
맛이 있으며, 상등 식용어로 친다."는 기록이 있다.

우리 나라에서는 영산강 하구의 숭어가 가장 맛있는 것으로 알려져
있는데, 과학적인 근거가 있는 것은 아니지만 숭어의 먹이가 살고 있는
바닥의 성분과 관련이 있는 것으로 추측된다.

## 꽁치 *Cololabis saira* (Brevoort)　　　　　[꽁치과]

◆영명 / Pacific saury　◆일명 / サンマ(sanma)
◆중명 / 竹刀魚(zhú-dāo-yú), 秋刀魚(qiū-dāo-yú)

◆전장 / 40cm
◆분포 / 동해, 일본에서 미국 서
　해안에 이르는 북태평양
◆이용 / 구이, 통조림, 건어물,
　조림

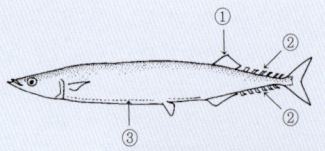

**특징**⇒ ① 등지느러미는 몸의 후단부에 치우쳐 있고, ② 등지느러미 뒤에 6~7개, 뒷지느러미 뒤에 6~9개의 작은 토막지느러미가 있다. ③ 측선은 몸의 아랫배 쪽에 위치한다. 등은 암청색, 배는 은백색을 띤다. 살아 있을 때 아래턱의 전단은 노란색을 띤다.

❍ 과메기

**생태**⇒ 냉수성 어류로 표층을 헤엄쳐 다니며, 한류의 흐름을 따라 여름에는 북상하고 겨울에는 남하하는 계절적 회유를 한다. 부유성의 작은 갑각류를 주로 먹는다.

**이용**⇒ 찬바람에 말린 과메기 외에도 통조림, 건어물, 조림, 구이 등 식품으로 매우 다양하게 이용된다. 신선한 것은 소금구이를 하여 양념 간장에 찍어 먹는 맛이 일품이며, 생강과 깻잎과도 잘 어울린다.

## ❖ 과메기

경북 포항을 중심으로 구룡포, 감
포 등지에 잘 알려진 먹거리로 '과
메기'가 있다. 이 음식을 접해 보지
않은 다른 지방의 사람들은 과메기
라는 종류의 물고기가 있는 것으로
생각하는 사람도 적지 않다. 그러
나 과메기는 찬바람에 말린 꽁치를
일컫는 말이다. 즉, 겨울철(12~2월)
에 잡은 꽁치를 바닷바람에 1주일

◑ 꽁치를 말려서 만드는 과메기
(경북 감포)

정도 말리는데, 밤과 낮에 얼고 녹는 것을 반복하다 보면 매우 독특한
맛을 내게 된다. 과메기는 미역과 김, 상추, 마늘, 양념장이 곁들여지는
데, 미역, 상추의 향과 김의 맛이 조화를 이루어 입맛을 자극한다.

살은 붉고 부드러우며 지방이 풍부한데, 이러한 육질의 특성을 살리
고 비린내를 없애면서 독특한 맛을 살린 것이 과메기이다. 비타민 A와
D, $B_{12}$가 풍부하고, 지방에는 DHA가 많이 함유되어 있으며, 꼬리지느
러미가 노란색이 진할수록 지방 함량이 많은 것으로 알려져 있다.

꽁치는 가을 이후에 잡히는 물고기로 몸이 가늘고 길며, 등은 검푸른
색, 배는 은백색으로, 반짝이는 모습이 마치 칼을 연상시키기 때문에
'추도어(秋刀魚)'라는 한자명을 가지고 있다. 일본명인 '산마'라는 이
름 역시 너비가 좁다는 뜻을 가진 '사마나'에서 유래된 것으로 전해진
다. 영명 'saury'는 도마뱀을 뜻하는 그리스어 'sauras'에서 유래되었는
데, 뾰족한 주둥이가 도마뱀과 비슷하다 하여 지어진 이름으로 생각된다.

동해안에서 잡히는 꽁치는 계절에 따라 이동을 한다. 여름에는 먹이
를 찾아 오호츠크 해와 사할린 동부 해역으로 이동하고 가을에 남하하
여 동해안의 주요 어업 대상 어종이 된다. 꽁치가 서식하기에 적당한 수
온은 15~18℃로 바닷물의 수온이 적정 온도까지 떨어지지 않으면 동해
안에 남하하는 시기도 늦어진다.

# 동갈치 *Strongylura anastomella* (Valenciennes) [동갈치과]

◆영명 / Green gar, Needlefish ◆일명 / ダツ (datsu) ◆중명 / 尖嘴环頜針魚
(jiān-zuǐ-huán-hé-zhēn-yú), 尖嘴柱环頜針魚(jiān-zuǐ-zhù-huán-hé-zhēn-yú)

◆전장 / 1m
◆분포 / 서해 남부, 일본 홋카이
　도 이남, 동중국해
◆이용 / 회, 소금구이, 건어물

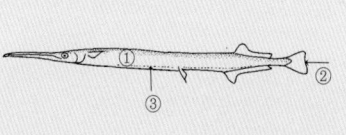

**특징**⇒ ① 몸은 가늘고 길다. ② 꼬리지느러미 뒤 가장자리는 약간 오목하다.
③ 측선은 몸의 아랫배 쪽의 아가미 뒤에서 시작되어 미병부까지 길게 이어지
고, 가슴지느러미 아래에도 짧은 측선이 있어서 배 쪽의 측선과 이어진다. 등은
진한 청록색이고, 배는 은백색을 띤다. 살아 있을 때 아래턱의 전단은 노란색을
띤다. 유사종으로는 물동갈치(*Ablennes hians*), 꽁치아재비(*Tylosurus crocodilus*),
항알치(*T. acus melanotus*)가 있다.

**생태**⇒ 연안의 표층에서 유영 생활을 한다.

**이용**⇒ 초봄에서 여름철의 것이 맛있고, 신선한 것은 육질이 변질되기 전에 그
대로 회로 먹어야 맛이 있다.

## 날치 *Cypselurus agoo* (Temminck and Schlegel) [날치과]

◆영명 / Japanese flyingfish　◆일명 / トビウォ(tobiuo)

◆중명 / 眞燕鱝(zhēn-yàn-yáo), 日本燕鱝(rì-běn-yàn-yáo)

◆전장 / 35cm

◆분포 / 우리 나라 전 해역, 일본 남부, 타이완

◆이용 / 구이, 초무침, 건어물

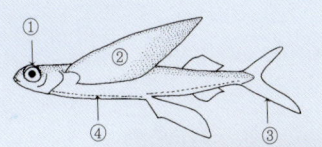

**특징⇒** ① 눈은 몸에 비해 크고 머리의 중앙 앞쪽에 위치한다. ② 가슴지느러미가 길어서 그 끝이 등지느러미의 중간까지 이른다. ③ 꼬리지느러미 하엽은 상엽보다 길어서 상하엽이 비대칭이다. ④ 측선은 몸의 아랫배 쪽에 위치하고, 아가미구멍 뒤에서 꼬리지느러미 앞까지 이어진다.

● 날치알밥

**생태⇒** 표층성 어류로서 바다의 수면 위를 나는 습성이 있다. 산란기는 4～10월이며, 연안의 해조류에 알을 붙인다. 작은 부유성 갑각류를 주로 먹는다.

**이용⇒** 알은 알밥의 재료로 이용된다. 일본에서 식용어로서 날치의 가치는 우리 나라에 비해 큰 편이며, 인도네시아에서 수입된 날치알은 '골든 캐비어'라고 하여 초밥의 재료로 쓰인다. 식용으로 이용할 때 잔뼈 처리가 중요하다.

## 학공치 *Hyporhamphus sajori* (Temminck and Schlegel) [학공치과]

◆영명 / Halfbeak fish　◆일명 / サヨリ(sayori)

◆중명 / 日本鱵(rì-běn-zhēn), 針口魚(zhēn-kǒu-yú)

◆전장 / 50cm
◆분포 / 우리 나라 전 해역, 일본 홋카이도 이남
◆이용 / 회, 소금구이, 건어물

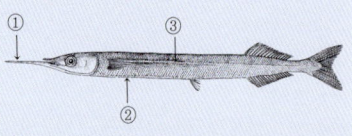

**특징**⇒ ① 주둥이 끝이 뾰족하고 길게 신장되어 있으며, 아래턱이 더욱 가늘고 길게 돌출되었다. ② 측선은 뚜렷하고 몸의 아래에 위치한다. 등은 청록색이고 배는 은백색이며, ③ 몸 중앙에는 금속성 광택을 띤 은백색의 굵은 세로줄 무늬가 있다. 살아 있을 때 아래턱 선단이 주홍색을 띠기 때문에 주둥이 끝이 검은 색을 띠는 줄공치와 구분된다. 유사종으로는 줄공치(*H. intermedius*), 살공치(*H. quoyi*)가 있다.

**생태**⇒ 연안과 내만의 표층에 무리를 이루어 서식하며, 강의 하구에도 올라온다. 산란기는 4～7월이고, 연안의 해조에 알을 붙인다. 동물성 플랑크톤을 먹는다.

**이용**⇒ 낚시로 낚아 현장에서 회로 먹는 맛이 일품이며, 육질은 흰색으로 지방이 적고 담백하다.

## ❖ 주둥이가 긴 학공치

학공치는 꽁치와 비슷하면서도 꽁치와 달리 아래턱이 앞으로 길게 돌출되었고, 등지느러미와 뒷지느러미의 뒤에 토막지느러미가 없는 물고기이다. 가늘고 긴 원통형의 몸에 아래턱이 바늘처럼 길게 돌출되어 있어서 영명 halfbeak는 '몸의 절반이 부리' 라는 뜻을 의미한다. 학공치의 아래턱이 길고 입이 위로 열려 있는 구조는 수면 가까이에 있는 먹이를 잡는 데 유리한 구조이다.

날치처럼 먼 거리를 비행하지는 못하지만 수면 위로 뛰어오르는 습성이 있고, 우리 나라에서 식용 가치가 비교적 큰 어종이며, 미국에서는 청새치를 잡기 위한 미끼로 이용되기도 한다.

일본의 의학 문헌에는 각기병에 효능이 있는 물고기로 소개되었고, 일본명 사요리는 '좁고 길다' 라는 뜻이 포함된 어원이다. 역시 뾰족한 주둥이에서 비롯된 이름으로 생각되며, 중국명 침구어(針口魚)도 마찬가지로 입의 모양에서 붙여진 이름이다. 중국에서는 이 밖에도 '강공어' 라는 별칭이 사용되는데, 학공치의 긴 주둥이를 강태공이 낚싯바늘로 사용했다는 전설에서 유래된 것이라고 한다.

내만의 표층을 무리지어 다니면서 동물성 플랑크톤을 먹고 자라는데, 어린 것들은 기수에서도 볼 수 있으며, 부화한 지 약 2년 후면 어미가 된다. 어미의 전장은 50cm에 달하고, 봄과 가을철에 맛이 있다. 물 위에 떠서 몰려다니는 것을 좋아하여, 예부터 어부들이 밤에 배를 타고 횃불을 들어 수면을 비추면 무리지어 몰려들기 때문에 기다렸다가 바구니로 건졌다는 이야기도 있다.

지방에 따라 강공치, 공미리, 민물꽁치, 비늘치, 종달치 등의 방언이 사용되며, 유사종으로 줄공치와 살공치가 있는데, 학공치의 주둥이 끝은 주홍빛을 띠기 때문에 다른 유사종과 구분된다.

## 도화돔 *Ostichthys japonicus* (Cuvier)　　　　[얼게돔과]

◆영명 / Japanese soldierfish, Deep-water squirrel fish　◆일명 / エビスダイ(ebisudai)

◆중명 / 日本骨鰃(rì-běn-gǔ-wèi), 骨鱗魚(gǔ-lín-yú)

◆전장 / 40cm
◆분포 / 제주도를 포함한 남해, 일
　본 중부 이남, 오스트레일리아
◆이용 / 구이, 조림

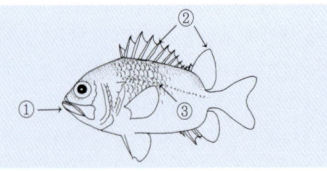

**특징**⇒ ① 아래턱이 위턱보다 돌출되어 있다. ② 등지느러미의 기조 수는 12극
조 12~14연조이고, 가장 마지막의 극조는 바로 앞에 위치한 극조의 길이보다
길다. 비늘은 크고 딱딱하며, ③ 각 비늘마다 여러 줄의 평행한 융기선이 있고,
그 가장자리는 톱니 모양의 거치가 있다. 몸은 전체적으로 아름다운 적홍색을
띤다.

**생태**⇒ 수심 100m 부근의 바위 주변에 서식한다.

**이용**⇒ 비늘이 매우 딱딱하고 커서 요리를 할 때 칼로 자르기 힘들지만, 삶으면
쉽게 비늘을 벗길 수 있다.

## 달고기 *Zeus faber* Linnaeus

[달고기과]

◆영명 / John dory　◆일명 / マトウダイ(matodai)
◆중명 / 海魴 (hǎi-fáng)

◆전장 / 50cm
◆분포 / 제주도를 포함한 남해와 동해, 일본 홋카이도 이남, 인도양, 태평양
◆이용 / 회, 소금구이, 조림

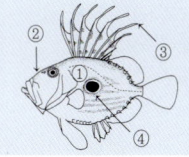

**특징**⇒ ① 체고가 높은 난원형이다. ② 머리와 등지느러미 앞의 외곽선은 약간 볼록하여 이 부분이 오목한 민달고기와 구분된다. ③ 등지느러미 극조부의 제6~7극조의 끝은 지느러미막이 실처럼 길게 연장되었다. 몸은 담갈색 또는 밝은 갈색을 띠며, ④ 몸 중앙에 보름달 모양의 큰 반점이 있다. 유사종으로는 민달고기(*Zenopsis nebulosa*)가 있다.

**생태**⇒ 수심 100~200m의 비교적 깊은 곳에 서식하며 육식성 어류이다.

**이용**⇒ 살은 흰색이며 담백하다. 신선한 것은 회로 먹을 수 있지만 가열하면 더욱 맛이 좋아지므로 소금구이로 많이 먹는다.

## 쑤기미 *Inimicus japonicus* (Cuvier) [양볼락과]

◆영명 / Devil stinger  ◆일명 / オニオコゼ(oniokoze)
◆중명 / 日本鬼鮋(rì-běn-guǐ-yóu)

◆전장 / 25cm
◆분포 / 우리 나라 전 해역, 일본
중부 이남, 남중국해
◆이용 / 탕, 찜, 튀김

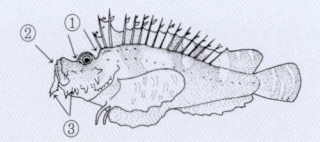

**특징**⇒ ① 눈의 앞과 뒤에 깊은 홈이 있고, 그 밖에도 등지느러미 앞에서 주둥이 끝에 이르는 부분은 굴곡이 심하다. ② 아래턱이 위턱 앞으로 돌출되어 입이 위쪽을 향해 열린다. ③ 머리와 턱 주변에 많은 피판이 있다. 몸 색깔은 변화가 심하고, 보통 암갈색 또는 적갈색을 띠며, 노란색을 띠는 것도 있다.

**생태**⇒ 수심 200m 미만인 연안의 모래와 개펄 바닥에 서식하며, 작은 어류를 먹는다. 등지느러미 가시와 배지느러미 가시, 머리 돌기 등에는 강한 독이 있으므로, 찔리면 심한 통증이 있다.

**이용**⇒ 맛이 좋고, 시원한 육수가 나오기 때문에 찌개나 지리를 해 먹으면 맛이 있다. 찜이나 튀김 등 다양한 요리로 이용할 수도 있다.

### ❖ 쑤기미의 독과 가시

쑤기미는 흔히 '범치'라는 방언으로 더 많이 알려져 있다. 이 물고기의 영명은 devil stinger로 '쏘는 악마'를 뜻하고, 일명은 오니오코제로서 '명청하게 생긴 귀신고기'라는 뜻을 가지고 있다. 일본에서는 못생긴 산신

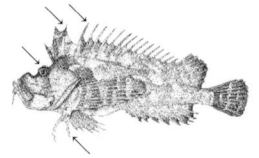

❍ 쑤기미의 독이 있는 부위

(山神)이 자신보다 못생긴 쑤기미를 보고 마음의 위로를 받았다는 전설도 있고, 이 때문에 예부터 말린 쑤기미를 산신에게 공양하는 풍습이 있었다고 한다. 또, 쑤기미의 모습이 추하고 가시에 독이 있어, 사악한 것을 물리치는 부적으로 생각했다.

쑤기미는 16~18개의 등지느러미 가시와 2개의 배지느러미 가시, 머리의 돌기 등에 독을 가지고 있는데, 이 독은 매우 강해서 죽은 것의 가시에 찔릴 경우에도 심한 통증이 있다. 무심코 만지다가, 또는 잡어를 뒤적거리다가 찔리는데, 통증이 심하기 때문에 견디다 못한 환자는 치료에 좋다고 하여 사람의 배설물에 상처 부위를 담그기도 한다. 우리 나라의 '범치'라는 방언 또한 '호랑이고기'라는 뜻이므로, 예부터 사람들이 이 물고기에 쏘이는 것을 얼마나 두려워했는지 알 수 있다. 쑤기미의 가시에 찔리면 그 통증이 불로 지지는 것 같고, 채찍으로 치는 듯해서 견디기가 힘들다고 한다. 대개 몇 시간이 지나면 진정되지만, 하루 이상 지속되며, 발열과 함께 몸 전체에 진통이 나타나기도 한다.

중국에서는 '노호어(老虎魚)'라고 하며, 민간 요법에서 요퇴통(腰腿痛)과 간염을 치료하는 약제로도 이용된다. 요퇴통의 경우 신선한 쑤기미를 백주(白酒)와 함께 삶아서 먹고, 만성 간염의 치료에는 신선한 쑤기미를 대나무 통에 넣고 진흙으로 싸서 구워 말린 다음, 이것을 베이킹 파우더에 타서 복용한다. 또 중국 문헌에는, 이 물고기에 찔렸을 때, 상처 주위에 10~50mL의 에메틴(emetine)을 주사하면 해독되고 치료되는 것으로 소개되어 있다.

## 점감펭 *Scorpaena onaria* Jordan and Snyder ［양볼락과］

◆일명 / フサカサゴ (fusakasago)
◆중명 / 后領鮋 (hòu-lǐng-yóu)

◆전장 / 30cm
◆분포 / 동해와 제주도를 포함한 남해, 일본 중부 이남, 타이완
◆이용 / 회, 구이, 조림, 튀김, 탕

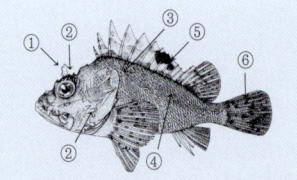

**특징**⇒ ① 눈 위쪽 머리 중심부에 깃털 모양의 큰 피판이 있고, ② 눈의 위쪽과 뺨에 날카로운 가시가 있다. ③ 측선은 가슴지느러미 위에서 아래쪽으로 급한 경사를 이루면서 휘어져 내려온다. 몸은 선홍색을 띠고 ④ 갈색 반점이 흩어져 있다. ⑤ 수컷의 등지느러미 후반부에 크고 검은 반점이 있고, ⑥ 꼬리지느러미에 작은 점들이 흩어져 있다. 유사종으로는 쭈굴감펭(*S. miostoma*), 살살치(*S. neglecta*)이 있다.

**생태**⇒ 수심 100m 부근의 바닥에 서식하며, 갑각류와 어류를 먹는다.

**이용**⇒ 심해에 사는 쏨뱅이류 가운데 가장 맛이 좋고, 신선한 것은 회로 먹는다.

### 쏙감펭 *Scorpaenopsis cirrosa* (Thunberg)

[양볼락과]

◆영명 / Hairy stingfish, Raggy scorpionfish ◆일명 / オニカサゴ (onikasago)
◆중명 / 須擬鮋 (xū-nǐ-yóu)

◆전장 / 30cm
◆분포 / 제주도, 일본 남부
◆이용 / 회, 구이, 조림, 탕

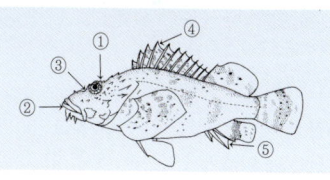

**특징**⇒ ① 머리 위에 강한 골질돌기가 발달되어 있다. ② 아래턱이 위턱보다 길고, 양턱의 주변과 몸에 많은 피판이 있다. ③ 눈 앞에 약간 깊은 홈이 있다. ④ 등지느러미의 넷째 번 극조가 가장 길며, 기조 수는 12극조 8~10연조, ⑤ 뒷지느러미는 3극조 5연조이다. 몸 색깔은 변화가 심하고 암적색과 암갈색이 불규칙하게 섞여 있다.

**생태**⇒ 연안의 산호와 바위가 많은 곳에 서식하고, 갑각류와 어류를 먹는다.

**이용**⇒ 겨울철에 맛이 좋고 담백하지만, 맛은 그리 좋은 편은 아니다.

## 주홍감펭 *Scorpaenodes littoralis* (Tanaka)　　[양볼락과]

◆영명 / Shore rockfish　◆일명 / イソカサゴ (isokasago)

◆중명 / 濱海小鮋 (bīn-kǎi-xiǎo-yóu)

◆전장 / 20cm

◆분포 / 동해 남부와 제주도, 일본 중부 이남, 인도양, 태평양

◆이용 / 구이, 튀김, 탕

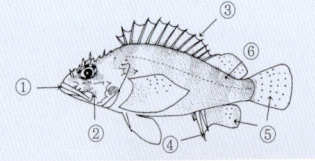

**특징**⇒ ① 양턱의 길이는 비슷하고, ② 위턱의 후단은 눈 아래까지 이른다. ③ 등지느러미 기조 수는 13극조 8~9연조, ④ 뒷지느러미는 3극조 5연조이다. ⑤ 각 지느러미에는 붉은 점들이 흩어져 있다. 몸은 연한 황적색 바탕에 ⑥ 윤곽이 불분명한 암적색 가로무늬가 5개 있다.

**생태**⇒ 얕은 바다의 바위 지역에 살며, 육식성 어류이다.

**이용**⇒ 크기가 작아서 식용으로는 적합하지 않지만, 통째로 튀겨 먹거나 탕으로 먹으면 고기맛이 우러나와 맛이 있다.

## 우럭볼락 *Sebastes hubbsi* (Matsubara) [양볼락과]

◆영명 / Armorclad rockfish ◆일명 / ヨロイメバル (yoroimebaru)

◆중명 / 鎧平鮋 (kǎi-píng-yóu), 赫氏平鮋 (hè-shì-píng-yóu)

◆전장 / 20cm
◆분포 / 동해와 제주도를 포함한 남해, 일본 중부 이남
◆이용 / 소금구이, 조림, 탕

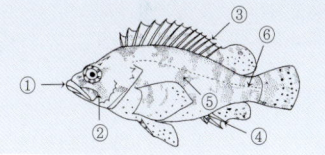

**특징**⇒ ① 양턱의 길이는 비슷하고, ② 위턱의 후단은 눈의 뒤끝 아래에 이른다. ③ 등지느러미 기조 수는 13~14극조 10~12연조, ④ 뒷지느러미는 3극조 5~7연조이다. 몸은 적갈색 바탕에 ⑤ 진한 자갈색의 가로 구름무늬가 너비가 넓고 불규칙하게 나타나며, ⑥ 미병부와 뒷지느러미 중간에 주홍색 가로무늬가 있다.

**생태**⇒ 난태생. 얕은 연안의 해조류와 바위가 많은 곳에 서식하며, 작은 갑각류를 먹는다.

**이용**⇒ 어획량이 적고, 양볼락과 어류 가운데 비교적 소형종으로 식용 가치는 크지 않으며, 잡어로서 매운탕의 재료로 이용된다.

## 볼락 *Sebastes inermis* Cuvier

[양볼락과]

◆영명 / Dark-banded rockfish ◆일명 / メバル(mebaru)
◆중명 / 无備平鮋(wú-bèi-píng-yóu)

◆전장 / 30cm
◆분포 / 우리 나라 전 해역(주로
　동해안과 제주도), 일본 홋카이
　도 이남
◆이용 / 회, 소금구이, 조림, 튀김

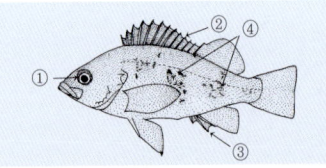

**특징**⇒ ① 눈이 커서 눈의 지름은 주둥이의 길이보다 길거나 비슷하다. ② 등지느
러미 기조 수는 13극조 13~14연조, ③ 뒷지느러미는 3극조 7~8연조이다. 몸 색
깔은 주변 환경에 따라 변이가 심하여 황갈색, 회갈색, 회흑색 등이고, ④ 체측에 5
~6개의 어두운 가로무늬가 있다. 새끼 때는 갈색 바탕에 노란색 점들이 나타난다.
**생태**⇒ 난태생. 11~12월에 새끼를 낳는다. 새우류와 조개류, 갯지렁이류, 작은
어류 등을 다양하게 먹는다.
**이용**⇒ 겨울에서 봄 사이에 지방이 올라 있어, 입 속에 넣으면 녹는 듯한 맛이
느껴진다. 살은 흰색으로 단단하며 담백하다. 뼈가 잘 발라지기 때문에 조림으
로 먹으면 좋고, 작은 것은 그대로 튀겨 먹는다.

## 도화볼락 *Sebastes joyneri* Günther

[양볼락과]

◆영명 / Joyner stingfish  ◆일명 / トゴットメバル (togotto-mebaru)
◆중명 / 焦氏平鮋 (jiāo-shì-píng-yóu)

◆전장 / 30cm
◆분포 / 경북 울릉도와 제주도를
　포함한 남해, 일본 남부
◆이용 / 조림, 소금구이

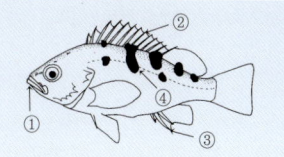

**특징**⇒ ① 아래턱이 약간 길고 위턱의 후단은 눈의 앞부분 아래에 이른다. ②
등지느러미 기조 수는 13극조 14～15연조, ③ 뒷지느러미는 3극조 7연조이다.
꼬리지느러미 뒤 가장자리는 얕게 패어 있거나 거의 반듯하다. 몸은 노란색 바
탕에 ④ 측선 위쪽에 진한 흑갈색 반점이 6개 있다.

**생태**⇒ 난태생. 이른 봄에 새끼를 낳는다. 연안의 바위 지역에 서식하며, 동물
성 플랑크톤과 작은 어류를 먹는다.

**이용**⇒ 볼락류 가운데서 맛이 좋은 어종이다.

## 황해볼락 *Sebastes koreanus* Kim and Lee

[양볼락과]

◆중명 / 朝鮮平鮋 (cháo-xiǎn-píng-yóu)

◆전장 / 20cm
◆분포 / 서해안(전남 목포, 전북 군산, 인천)
◆이용 / 소금구이, 탕

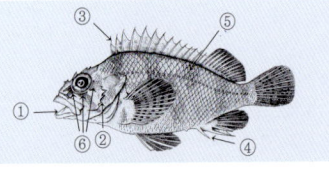

**특징**⇒ ① 양턱의 길이는 비슷하고, ② 전새개골에 5개의 가시가 있다. ③ 등지느러미 기조 수는 14극조 12~13연조, ④ 뒷지느러미는 3극조 5~6연조이다. ⑤ 몸에 4~5개의 희미한 가로무늬가 있고, ⑥ 뺨에 3개의 줄무늬가 있다.

**생태**⇒ 연안의 바위 지역에서 거미불가사리와 따개비류를 주로 먹는다. 조피볼락과 함께 서식하지만 먹이를 달리하므로 경쟁 관계를 피한다.

**이용**⇒ 볼락류 가운데 소형종이고, 맛도 다른 종에 비해 떨어지는 편이어서, 잡어로 취급된다.

※우리 나라의 서해안에서만 볼 수 있는 한국 고유종이다.

## 흰꼬리볼락 *Sebastes longispinis* (Matsubara)

[양볼락과]

◆영명 / Longspined rockfish  ◆일명 / コウライヨロイメバル (kôrai-yoroimebaru)

◆중명 / 長棘平鮋 (cháng-jí-píng-yóu)

◆전장 / 20cm
◆분포 / 제주도를 포함한 남해와
　서해, 일본
◆이용 / 소금구이, 탕

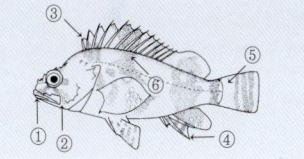

**특징**⇒ ① 아래턱이 위턱보다 약간 짧고, ② 위턱의 후단은 눈의 뒤끝 아래에 이른다. ③ 등지느러미 기조 수는 13극조 13연조, ④ 뒷지느러미는 3극조 6연조이다. ⑤ 꼬리지느러미 전반부에 너비가 넓고 흰 가로줄 무늬가 있고, 그 뒤에 붉은색 가로줄 무늬가 있다. 몸은 회갈색과 붉은색 또는 암적색이며, ⑥ 너비가 넓고 불규칙한 가로무늬가 있다. 유사종으로는 우럭볼락(*S. hubbsi*)이 있다.

**생태**⇒ 난태생. 바위가 많은 연안에 살며 낚시에 잘 걸린다.

**이용**⇒ 볼락류 가운데 소형종이고, 다른 볼락류에 비해 식용 가치는 떨어진다.

## 좀볼락 *Sebastes minor* Barsukov [양볼락과]

◆영명 / Minor rockfish ◆일명 / アカガヤ (aka-gaya)
◆중명 / 少鰭平鮋 (shào-qí-píng-yóu)

◆전장 / 20cm
◆분포 / 동해 중부 이북, 일본 북부
◆이용 / 소금구이, 조림, 회

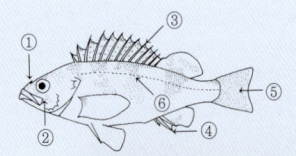

**특징**⇒ ① 머리 위의 눈 앞쪽에 1쌍의 가시가 있다. ② 위턱의 후단은 눈 중간의 아래에 이른다. ③ 등지느러미 기조 수는 12~13극조 11~13연조, ④ 뒷지느러미는 3극조 6~8연조이다. ⑤ 꼬리지느러미는 검은빛을 띤다. 몸에는 적황색 바탕에 ⑥ 암갈색 구름무늬가 불분명하게 나타난다.

**생태**⇒ 난태생. 연안의 바위 지역에 서식한다.

**이용**⇒ 볼락류 가운데 소형종이며, 회보다는 말려서 구이로 이용된다.

## 황점볼락 *Sebastes oblongus* Günther

[양볼락과]

◆영명 / Oblong rockfish　◆일명 / タケノコメバル(takenoko-mebaru)
◆중명 / 笋平鮋(sǔn-píng-yóu)

◆전장 / 35cm
◆분포 / 동해와 남해, 일본
◆이용 / 회, 탕, 소금구이, 조림

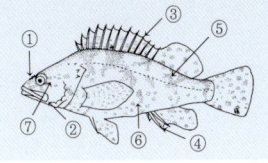

**특징**⇒ ① 머리 위에는 딱딱한 가시가 있으나 눈 아래에는 가시가 없다. ② 양턱의 후단은 눈의 뒤끝 아래까지 이른다. ③ 등지느러미 기조 수는 13극조 11~13연조, ④ 뒷지느러미는 3극조 5~8연조이다. 몸은 황갈색 바탕에 ⑤ 4~5개의 진한 흑갈색 가로무늬가 있고, ⑥ 그 사이에 작은 흑갈색 점무늬들이 흩어져 전체적으로 얼룩무늬를 이룬다. ⑦ 눈을 중심으로 방사상의 얼룩무늬가 있다.
**생태**⇒ 난태생. 연안의 바위 지역에 서식한다.
**이용**⇒ 최근에는 양식이 이루어지고 있으며, 회와 매운탕으로 이용된다.

## 황볼락 *Sebastes owstoni* (Jordan and Thompson) [양볼락과]

◆영명 / Owston's rockfish ◆일명 / ハツメ(hatsume)
◆중명 / 歐氏平鮋(ōu-shì-píng-yóu), 歐氏鮶(ōu-shì-jūn)

◆전장 / 25cm
◆분포 / 동해 중부 이북, 일본 북부, 오호츠크 해
◆이용 / 소금구이, 조림, 탕

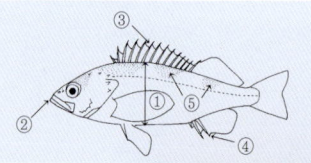

**특징**⇒ 다른 볼락류에 비해 ① 체고가 낮고 몸이 길다. ② 주둥이 끝이 뾰족하고, 아래턱이 위턱보다 길다. ③ 등지느러미 기조 수는 14극조 12～15연조, ④ 뒷지느러미는 3극조 7～11연조이다. 모든 지느러미는 노란빛을 띤다. 등은 연한 황적색 바탕에 ⑤ 4개의 불분명한 회갈색 가로무늬가 있고, 배는 흰색이다.

**생태**⇒ 수심 100～300m 정도의 약간 깊은 곳에 살며, 작은 갑각류를 먹는다.
**이용**⇒ 주로 내장을 발라 내고 말려서 구이로 이용된다.

## 개볼락 *Sebastes pachycephalus* Temminck and Schlegel [양볼락과]

◆영명 / Spotbelly rockfish, Brass bloched rockfish ◆일명 / ムラソイ(murasoi)
◆중명 / 厚頭平鮋(hòu-tóu-píng-yóu)

◆전장 / 35cm
◆분포 / 우리 나라 전 해역, 일본
　홋카이도 이남, 중국
◆이용 / 회, 소금구이, 조림, 탕

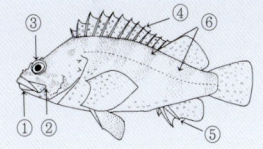

**특징**⇒ ① 아래턱이 위턱보다 짧고, ② 턱의 후단은 눈의 뒤끝을 약간 지나거나 그 아래에 이른다. ③ 양 눈 위에 융기선이 솟아 있고, 융기선 사이는 오목하게 패어 있다. ④ 등지느러미 기조 수는 13극조 11~13연조, ⑤ 뒷지느러미는 3극조 5~7연조이다. 몸 색깔은 주변 환경에 따라 변화가 심한데, 적갈색 바탕에 ⑥ 검은 무늬가 불규칙하게 흩어져 있거나 흑갈색 바탕에 노란 점이 흩어져 있다.
**생태**⇒ 난태생. 봄에 새끼를 낳는다. 연안의 바위 지역에 서식하며 육식성이다.
**이용**⇒ 조피볼락과 더불어 비교적 많이 잡히는 볼락류이며, 회와 매운탕으로 이용된다. 낚시 대상 어종이다.

## 조피볼락 *Sebastes schlegeli* Hilgendorf [양볼락과]

◆영명 / Jacopever　◆일명 / クロソイ(kurosoi)

◆중명 / 許氏平鮋(xǔ-shì-píng-yóu)

◆전장 / 50cm

◆분포 / 우리 나라 전 해역, 일본
　전 해역, 중국

◆이용 / 회, 소금구이, 조림, 탕

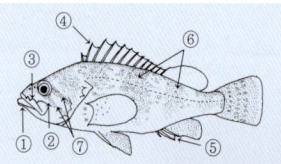

**특징⇒** ① 아래턱이 위턱보다 길고, ② 위턱의 후단은 눈 중앙의 아래까지 이른다. ③ 위턱의 상부를 덮는 3개의 날카로운 가시가 있다. ④ 등지느러미 기조 수는 13극조 11 ~13연조, ⑤ 뒷지느러미는 3극조 6~8연조이다. 몸은 회갈색 바탕에 검은 점들이 흩어져 있고, ⑥ 4~5개의 어두운 가로무늬가 있다. ⑦ 눈 아래에 2개의 줄무늬가 있다.

**생태⇒** 난태생. 5~6월에 새끼를 낳고, 태어난 지 3년이면 어미가 된다. 바위가 많고 수심이 낮은 연안에 서식한다.

**이용⇒** 살은 흰색으로 맛이 있고, 제철은 겨울이다. 회는 껍질을 벗긴 살을 냉장고에 하루 정도 두면 맛이 더욱 좋아진다. 넙치와 함께 대표적인 양식 어종이며, 우럭으로 불리기도 한다. 주요 낚시 대상 어종이다.

## 노랑볼락 *Sebastes steindachneri* Hilgendorf [양볼락과]

◆영명 / Yellow body rockfish ◆일명 / ヤナギノマイ(yanaginomai)
◆중명 / 施氏平鮋(shī-shì-píng-yóu), 施氏鮶(shī-shì-jūn)

◆전장 / 50cm
◆분포 / 동해 중부 이북, 일본 북부, 오호츠크 해
◆이용 / 회, 소금구이, 조림, 탕

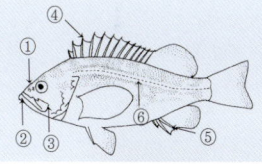

**특징**⇒ 머리 위에는 가시가 없으나 ① 주둥이 위와 콧구멍 주변에 가시가 있다. ② 아래턱이 위턱보다 약간 돌출되었고, ③ 위턱의 후단은 눈의 뒤끝 아래까지 이른다. ④ 등지느러미 기조 수는 13극조 13~15연조, ⑤ 뒷지느러미는 3극조 6~7연조이다. 몸은 등황색이고, ⑥ 측선을 따라 연한 담황색의 밝은 선이 비교적 선명하게 나타난다.

❂ 노랑볼락구이

**생태**⇒ 수심 200m 미만의 바위와 모래 지역에 무리를 지어 산다.
**이용**⇒ 많이 잡히는 좋은 아니며, 회, 구이, 조림 등으로 이용된다.

## 탁자볼락 *Sebastes taczanowskii* Steindachner [양볼락과]

◆영명 / White-edged rockfish ◆일명 / エゾメバル(ezo-mebaru)

◆중명 / 塔氏平鮋(tǎ-shì-píng-yóu), 邊尾平鮋(biān-wěi-píng-yóu)

◆전장 / 25cm
◆분포 / 동해 중부 이북, 일본 북부, 사할린
◆이용 / 회, 조림, 튀김

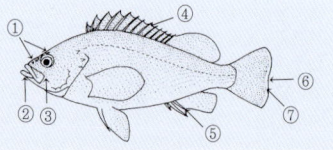

**특징**⇒ ① 코 위와 눈 위에 가시가 있다. ② 아래턱이 위턱보다 약간 길고, ③ 위턱의 후단은 눈 중앙의 아래에 이른다. ④ 등지느러미 기조 수는 13극조 13～15연조, ⑤ 뒷지느러미는 3극조 6～8연조이다. ⑥ 꼬리지느러미 뒤 가장자리는 둥글지만 한가운데가 약간 함입되어 있고, ⑦ 너비가 좁은 흰색 테두리가 있다. 몸은 회갈색 또는 적갈색을 띤다.

**생태**⇒ 난태생. 연안성이 강한 어류로, 차가운 바다의 바위가 많고 얕은 곳에 살며, 기수역에도 들어온다.

**이용**⇒ 살이 많지 않고, 육질에는 수분이 많다. 볼락류 가운데서 맛이 떨어지는 편이다.

## 불볼락 *Sebastes thompsoni* (Jordan and Hubbs) [양볼락과]

◆영명 / Gold-eye rockfish ◆일명 / ウスメバル (usu-mebaru)
◆중명 / 湯氏平鮋 (tāng-shì-píng-yóu)

◆전장 / 35cm
◆분포 / 서해를 제외한 전 해역,
일본 홋카이도에서 쓰시마에
이르는 해역
◆이용 / 회, 소금구이, 조림

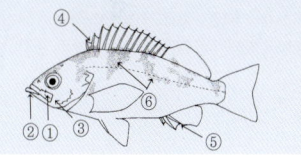

**특징**⇒ ① 위턱의 상부를 덮는 2개의 가시가 있다. ② 아래턱이 위턱보다 길고, ③ 위턱의 후단은 눈 중앙의 아래에 이른다. ④ 등지느러미 기조 수는 13극조 14~15연조, ⑤ 뒷지느러미는 3극조 7연조이다. 가슴지느러미는 진한 붉은색이고, 꼬리지느러미는 암적색을 띤다. 몸은 담황색을 띠고 ⑥ 5개의 흑갈색 가로무늬가 있다. 유사종으로는 도화볼락(*S. joyneri*)이 있다.

**생태**⇒ 난태생. 수심 40~150m의 바위 지역에 서식하며, 동물성 플랑크톤과 작은 어류를 먹는다.

**이용**⇒ 비교적 많은 양이 잡히지만, 볼락류 가운데서 맛이 떨어지는 편이다.

# 세줄볼락 *Sebastes trivittatus* Hilgendorf [양볼락과]

◆영명 / Three-stripe rockfish ◆일명 / シマゾイ(shimazoi)

◆중명 / 條紋平鮋 (tiáo-wén-píng-yóu)

◆전장 / 35cm

◆분포 / 동해와 서해, 일본 중북부

◆이용 / 회, 소금구이, 조림, 탕

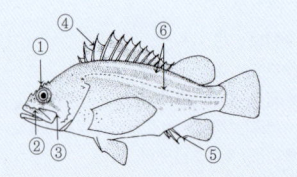

**특징⇒** ① 머리에 강한 융기연이 있으며, 양 눈 사이는 깊이 패어 있다. ② 위턱 상부를 덮는 가시는 뾰족하지 않고 둥글다. ③ 위턱의 후단은 눈의 뒤끝을 약간 지난다. ④ 등지느러미 기조 수는 13~14극조 12~14연조, ⑤ 뒷지느러미는 3 극조 6~7연조이다. 몸은 녹황색 바탕에 ⑥ 등지느러미의 기부와 측선에 각각 1개씩 2개의 연한 황백색 세로줄 무늬가 있다.

**생태⇒** 난태생. 봄에 새끼를 낳으며, 연안의 바위 지역에 서식한다.

**이용⇒** 등지느러미 가시에는 독이 있으므로, 요리를 할 때에는 등지느러미를 제거해야 한다.

## ❖ 양볼락과의 물고기

쏨뱅이목의 양볼락과에 속하는 물고기에는 일반인들이 알고 있는 쏨뱅이류와 볼락류가 있다. 이들 어류의 몸과 머리는 좌우로 납작하고, 머리에 골질의 융기선이나 강한 가시가 있으며, 뺨과 아가미뚜껑에도 골질의 가시가 돋아 있다. 또, 등지느러미의 앞부분은 날카로운 극조(가시)로 이루어져 있어서, 이러한 종류의 살아 있는 물고기를 맨손으로 잡을 때에는 엄지손가락을 입 속에 넣어서 아래턱을 붙잡듯이 잡아야 가시에 찔릴 염려가 없다. 요리를 위해 손질할 때도 머리와 지느러미의 예리한 가시에 찔리지 않도록 주의해야 한다.

양볼락과의 물고기는 세계적으로 약 400종이 알려져 있고, 우리 나라 연안에는 43종이 서식하고 있는데, 대부분 연안의 바위 지역에 서식하는 육식어로 주위의 환경과 모양이나 무늬가 비슷한 종이 많다. 영어로 rockfish라고 하는 이유는, 바위 주변에 움직이지 않고 몸을 감추고 있다가 자신이 있는 것을 알아차리지 못하고 다가온 먹이를 큰 입으로 잡아먹기 때문에 붙여진 이름이다.

쏨뱅이류의 경우 살은 흰색이고 대부분 맛이 있지만, 볼락류에 비해 먹을 수 있는 부분이 비교적 적기 때문에 '쏨뱅이는 머리밖에 없다'고 말하기도 한다. 그러나 생긴 모양과는 달리 매우 맛이 좋은 물고기들로서, 조림과 튀김, 탕 등 다양한 요리로 먹을 수 있다. 산란기인 겨울철에 특히 맛이 있고, 신선한 것은 회로 먹어도 맛이 좋다. 껍질이 약간 딱딱한 편이어서 소금구이나 조림을 할 때에는 미리 껍질에 칼집을 내는 것이 좋다.

❂ 바위 주변에 서식하는 쏨뱅이(제주특별자치도 모슬포)

## 누루시볼락 *Sebastes vulpes* Döderlein [양볼락과]

◆영명 / Fox jacopever　◆일명 / キツネメバル(kitsunemebaru)

◆중명 / 狐平鮋(hú-píng-yóu)

◆전장 / 40cm

◆분포 / 동해와 남해 동부, 일본 중부

◆이용 / 회, 소금구이, 조림

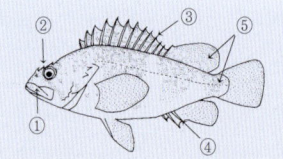

**특징**⇒ 조피볼락과 비슷하지만 체고가 약간 높고, ① 위턱의 상부를 덮는 가시가 없다. ② 콧구멍 위와 눈의 앞과 뒤, 머리에 강한 가시가 있다. ③ 등지느러미 기조 수는 13극조 12~13연조, ④ 뒷지느러미는 3극조 5~6연조이다. 몸은 회색 바탕에 ⑤ 어두운 암회색 가로무늬가 등지느러미의 극조부와 연조부, 미병부에 나타난다.

**생태**⇒ 난태생. 수심 50~100m의 바위 지역에 서식한다. 많이 잡히는 좋은 아니다.

**이용**⇒ 주로 회, 구이 등으로 이용된다.

## 띠볼락 *Sebastes zonatus* Chen and Barsukov

[양볼락과]

◆영명 / Banded jacopever  ◆일명 / タヌキメバル (tanuki-mebaru)
◆중명 / 帶平鮋 (dài-píng-yóu)

◆전장 / 40cm
◆분포 / 동해와 남해, 일본
◆이용 / 회, 소금구이, 탕

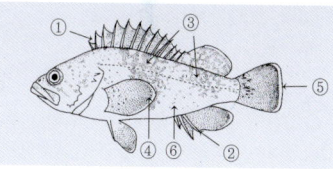

**특징**⇒ ① 등지느러미 기조 수는 13극조 13연조, ② 뒷지느러미는 3극조 6연조이다. ③ 등지느러미의 극조부와 연조부 아래에 너비가 넓은 자흑색 가로무늬가 있다. ④ 가슴지느러미는 담색을 띠며, 그 끝은 약간 어둡다. ⑤ 꼬리지느러미 뒤 가장자리에 흰 테두리가 있다. 몸은 분홍빛을 띤 흰색 바탕에 ⑥ 검은 반점들이 흩어져 있다.

**생태**⇒ 수심 50~170m의 바위 지역에 서식한다. 볼락류 가운데 비교적 큰 어종이다.

**이용**⇒ 회, 구이 등으로 이용된다.

## 쏨뱅이 *Sebastiscus marmoratus* (Cuvier) [양볼락과]

◆영명 / Marbled rockfish　◆일명 / カサゴ (kasago)
◆중명 / 褐菖鮋 (hè-chāng-yóu)

◆전장 / 30cm
◆분포 / 동해와 제주도를 포함한
　남해, 일본 홋카이도 이남, 동
　중국해
◆이용 / 회, 소금구이, 조림, 지리

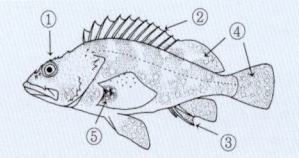

**특징**⇒ ① 머리의 등 쪽에는 끝이 뒤로 향한 날카로운 가시들이 있고, 양 눈 사이는 깊이 패어 있다. ② 등지느러미 기조 수는 12극조 11~13연조, ③ 뒷지느러미는 3극조 5연조이다. ④ 지느러미 전체에 자갈색 무늬가 있다. ⑤ 가슴지느러미 기부는 진한 흑갈색을 띠며, 흑갈색의 안쪽에 여러 개의 밝고 둥근 반점들이 있다. 몸은 진한 황갈색을 띤다. 유사종으로는 붉은쏨뱅이(*S. tertius*)가 있다.
**생태**⇒ 난태생. 바위가 많은 연안의 바닥에 서식하며 야행성이다. 어미는 게와 새우, 작은 어류 등을 먹는다.
**이용**⇒ 살은 흰색으로, 다양한 요리에 이용된다. 산란기인 겨울철에 특히 맛이 있고, 신선한 것은 회로 먹어도 맛이 좋다. 껍질이 약간 딱딱하므로 소금구이나 조림을 할 때에는 미리 껍질에 칼집을 내는 것이 좋다. 낚시 대상 어종이다.

## 홍살치 *Sebastolobus macrochir* (Günther) [양볼락과]

◆영명 / Big-hand thornyhead  ◆일명 / キチジ(kichiji), ウッカリカサゴ(ukkari-kasago)  ◆중명 / 大翅鮶(dà-chì-jūn), 叶鰭鮋(yè-qí-yóu)

◆전장 / 30cm
◆분포 / 동해 중부 이북(함남 원산 이북), 일본 북부, 사할린
◆이용 / 조림, 찌개, 건어물

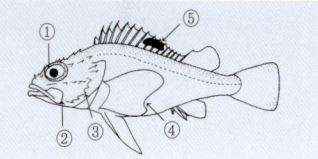

**특징**⇒ ① 눈은 크고, 눈 지름은 주둥이 길이보다 길다. ② 위턱의 후단은 눈 중간의 아래쪽을 약간 지난다. ③ 새개골에 5개의 가시가 있다. ④ 가슴지느러미 뒤 가장자리가 안쪽으로 오목하게 패어 있다. ⑤ 등지느러미 극조부 뒤쪽에 크고 검은 반점이 있다. 몸은 전체적으로 주홍색을 띤다.

**생태**⇒ 수심 150~1200m의 해저에 서식하며, 새우류와 작은 어류를 주로 먹는다. 산란기는 2~5월로, 알은 점착성이 강한 한천질로 싸여 있다.

**이용**⇒ 살은 흰색으로 맛이 좋고 지방이 풍부하며 비타민 A도 많이 함유되어 있다. 겨울철 산란 직전의 것이 가장 맛이 좋다.

## 성대 *Chelidonichthys spinosus* (McClleland) [성대과]

◆영명 / Bluefin sea robin ◆일명 / ホウボウ(hōbō)
◆중명 / 棘綠鰭魚(jí-lǜ-qí-yú), 綠鰭魚(lǜ-qí-yú)

◆전장 / 40cm
◆분포 / 우리 나라 전 해역, 일본
홋카이도 중부 이남, 남중국해
◆이용 / 회, 소금구이, 찜, 튀김

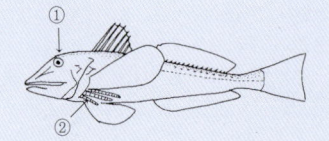

**특징**⇒ ① 머리는 딱딱한 골질로 이루어져 있다. ② 가슴지느러미의 아래쪽 3
개의 기조는 손가락처럼 분리되어 있어 바닥을 기어다는 데 사용한다. 가슴지
느러미는 진한 녹색을 띠고, 바깥쪽 가장자리에는 파란 테두리가 있으며, 그 안
쪽에 파란색의 작고 둥근 점들이 흩어져 있다. 몸의 상반부는 회갈색 바탕에 불
규칙한 붉은색 무늬가 넓게 흩어져 있고, 배는 흰색이다.
**생태**⇒ 수심 20~600m의 모랫바닥이나 개펄 바닥에 서식하며, 새우를 즐겨 먹
는다. 근육으로 부레를 압축시켜 소리를 낸다.
**이용**⇒ 맛은 겨울철에 가장 좋으며, 살은 탄력이 있고 씹는 맛이 좋다.

## ❖ 씹는 맛이 일품인 성대

성대는 가슴지느러미 아래쪽에 3개의 분리된 기조가 있는데 이것을 마치 다리처럼 움직여 바닥을 기어다니면서 모래 속에 숨어 있는 먹이를 찾아 내는 데 사용한다. 이 분리된 기조는 그 끝부분에 맛을 느끼는 미각

❍ 분리된 기조로 기어다니는 성대

기관이 있어서 작은 게나 새우를 잡아먹는 데 요긴하게 쓰인다. 또, 헤엄치기 시작할 때에는 이 분리된 기조를 세워 바닥을 박차고 떠오르기도 한다.

성대는 부레를 수축시켜 개구리 울음소리와 같은 소리를 내는데, 영명 sea robin(바다의 울새)과 또 다른 영명 gurnard(중얼거리는 사람)는 모두 성대가 소리를 내는 특성과 관련되어 지어진 이름인 것을 알 수 있다. 머리는 투구 모양의 골질로 덮여 있어서 단단하기 때문에, 일본에서는 '머리가 튼튼해지면 좋겠다.' 라는 소원이나 우는 소리를 내는 성대와는 달리 '밤에 울지 않았으면 좋겠다.' 는 소원을 이루기 위해서 예부터 갓난아이의 첫 번째 식사에 사용한 것으로 전해지고, 일부 지방에서는 복을 가져다 주는 물고기로 여겨져, 신부가 시집 갈 때 성대 2마리를 술통에 얹어 가지고 가는 풍습도 있었다.

다 자란 어미 성대는 전장이 약 40cm이고, 저인망이나 걸그물에 잡힌다. 맛은 겨울철에 가장 좋으며, 살은 탄력이 있고 씹는 맛이 좋아서 외국에서는 가치 있는 물고기로 취급된다. 유럽에서는 프랑스 수프 요리인 부여베이스(bouillabaisse)를 만드는 데 필수적인 재료로 이용되기도 한다. 지방은 적고 칼륨과 칼슘이 풍부하며, 회, 소금구이, 찜, 튀김 등 어떤 요리로 해서 먹어도 좋다. 삶으면 살이 단단해지고 냄새가 없어지며, 작은 성대는 머리, 등뼈, 껍질 등에서 맛있는 육수가 우러나오기 때문에 탕으로 적합하다.

# 양태 *Platycephalus indicus* (Linnaeus)　　　　　[양태과]

◆영명 / Bartail flathead　◆일명 / ゴチ(gochi)
◆중명 / 鯒(yǒng), 牛尾魚(niú-wěi-yú), 印度鯒(yìn-dù-yǒng)

◆전장 / 60cm
◆분포 / 서해와 제주도를 포함한
　남해, 일본 중부 이남, 타이완,
　오스트레일리아, 인도양
◆이용 / 회, 소금구이, 찜, 조림,
　지리, 건어물

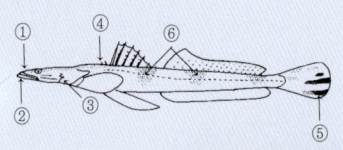

**특징**⇒ ① 머리는 상하로 납작하고, 몸의 단면은 낮은 삼각형을 이룬다. ② 아래턱이 위턱보다 길고, ③ 전새개골에는 2개의 가시가 있다. ④ 등지느러미 가장 앞쪽의 극조 2개는 매우 작다. ⑤ 꼬리지느러미 아래에 검은 세로 줄 무늬가 있다. 등은 연한 갈색 바탕에 진한 흑갈색 점들이 흩어져 있고, ⑥ 너비가 넓고 어두운 가로 구름무늬가 있다. 배는 흰색이다.

❍ 건어물

**생태**⇒ 연안 얕은 곳의 모래와 개펄 바닥에 살며 기수역에도 들어온다. 산란기는 5월 무렵이다.

**이용**⇒ 살은 흰색으로 탄력과 단맛이 좋아 회로 먹을 수 있다. 여름철에 맛이 좋고 구이와 찜 등 다양한 요리로 이용된다. 중국 명나라 때의 「본초식감」에는, '양태는 독이 없고, 오장을 좋게 하는 약어(藥魚)' 라고 기록되어 있다.

## 노래미 *Hexagrammos agrammus* (Temminck and Schlegel) [쥐노래미과]

◆영명 / Spotty belly greenling ◆일명 / クジメ(kujime)
◆중명 / 斑頭魚(bān-tóu-yú)

◆전장 / 30cm
◆분포 / 우리 나라 전 해역, 일본
◆이용 / 회, 소금구이, 튀김, 탕, 건어물

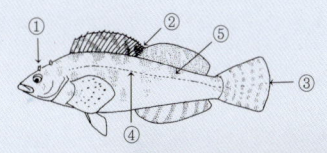

**특징**⇒ ① 눈 위 가장자리에 깃털 모양의 피판이 있다. ② 등지느러미의 극조부와 연조부 사이에 오목하게 팬 홈이 있다. ③ 꼬리지느러미 뒤 가장자리는 둥글다. ④ 측선은 1개로 등 쪽에 위치한다. 몸 색깔은 주변 환경에 따라 황갈색, 적갈색, 암갈색, 붉은색 등 변화가 심하며, 대개 연한 색 바탕에 ⑤ 진한 황갈색 구름무늬가 있다. 유

◯ 붉은색을 띤 노래미

사종으로는 쥐노래미(*H. otakii*), 줄노래미(*H. octogrammus*)가 있다.

**생태**⇒ 쥐노래미에 비해 육지에 좀더 가까운 해변의 바위와 해조류가 많은 연안에 서식하며, 작은 갑각류를 주로 먹는다. 산란기는 11~12월이고, 알의 지름은 2mm 정도로 해조류의 줄기에 알을 덩어리로 붙인다.

**이용**⇒ 보통 쥐노래미와 같은 방법으로 이용되지만, 쥐노래미보다 소형이고 잡히는 양도 적어서 상품 가치는 적은 편이다. 낚시 대상 어종이다.

## 쥐노래미 *Hexagrammos otakii* Jordan and Starks [쥐노래미과]

◆영명 / Greenling ◆일명 / アイナメ(ainame)
◆중명 / 大瀧六線魚(dà-lóng-liù-xiàn-yú), 六線魚(liù-xiàn-yú), 黃魚(huáng-yú)

◆전장 / 65cm
◆분포 / 우리 나라 전 해역, 일본
◆이용 / 회, 소금구이, 튀김, 탕,
　　　건어물

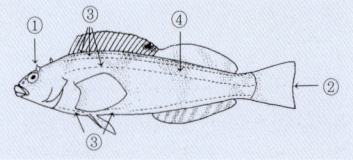

**특징⇒** ① 눈 위 가장자리에 깃털 모양의 피판이 있다. ② 꼬리지느러미 뒤 가장자리는 직선형이거나 약간 오목하다. ③ 측선은 5개로, 등 쪽에 3개가 있고 몸 중앙과 배 쪽에 각각 1개씩 있다. 꼬리지느러미 뒤 가장자리가 오목하고 측선이 5개이어서, 측선이 1개인 노래미와 쉽게 구분된다. 몸은 연한 황갈색 바탕에 ④ 진한 갈색의 구름무늬가 섞여 있다.

**생태⇒** 바위와 해조류가 많은 연안에 서식하며, 새우류와 작은 조개류, 어류 등을 먹는다. 산란기는 11~12월로 해초에 알을 붙인다. 어미의 최대 전장은 65cm까지 자라지만 보통 20~30cm의 것이 흔하다.

**이용⇒** 살은 흰색으로 단단하고 지방이 많으며 사시사철 맛이 좋지만, 산란기인 가을에서 겨울 사이에는 살이 빠지고 지방이 적은 편이다. 낚시 대상 어종으로 인기가 있다.

### ❖ 쥐노래미의 측선

쥐노래미는 계절에 따른 맛의 변화가
적은 생선으로, 신선한 것은 회로 먹으
면 맛이 좋다.

해조류와 바위 사이에서, 주변 환경
에 따라 화려한 몸 색깔을 바꾸기도 하
면서 요염한 자태로 멈추어 있거나 날
씬하게 헤엄쳐 다니는 모습 때문인지,

○ 쥐노래미회

쥐노래미의 일본명은 '아이나메'로 '사랑스러운 여인'을 뜻한다. 또,
히로시마 지방에서는 다소 긴 이름으로 '모미다네우시나이'라고도 하
는데, '벼 씨앗을 잃어버렸다'는 뜻으로, 벼 씨앗 살 돈으로 이 물고기
를 살 정도로 맛이 있는 고기라는 뜻으로도 전해진다. 영명인 greenling
과 kelpfish(해조)는 바위가 많은 녹색의 해조류 사이에서 주로 서식하
기 때문에 붙여진 이름이다.

쥐노래미의 학명은 *Hexagrammos otakii*로서 속명의 *Hexagrammos*는
'6개의 측선'이라는 뜻이다. 중국명인 '六線魚' 또한 같은 의미이다. 그
렇다면 실제로는 5개의 측선을 가지고 있는 쥐노래미가 '6개의 측선을
가지고 있는 물고기'라는 뜻으로 불리게 된 까닭은 무엇일까? 그것은
1895년에 쥐노래미를 처음 발견하여 학명을 붙인 최초의 명명자 조던
(Jordan)이 갈라진 측선을 한 개 더 세었기 때문으로 전해진다. 처음에
측선의 수를 정확하게 세었더라면 '5개의 측선'을 의미하는 *Penta-
grammos*라는 속명이 사용되었을 것이다.

그런데 쥐노래미는 왜 이처럼 많은 측선을 가지고 있을까?

최근의 연구에 의하여 쥐노래미의 측선 5개 가운데 4개는 단지 장식
에 불과하다는 사실이 알려지게 되었다. 다시 말하면, 1개의 측선을 제
외한 나머지는 외부의 자극을 신경에 전달하는 센서의 기능이 없다는
것이다. 따라서 쥐노래미의 측선 수와 그 기능은 아직까지 풀리지 않는
수수께끼로 남아 있다.

## 임연수어 *Pleurogrammus azonus* Jordan and Metz  [쥐노래미과]

◆영명 / Arabesque greenling  ◆일명 / ホッケ(hokke)
◆중명 / 遠東多線魚(yuǎn-dōng-duō-xiàn-yú)

◆전장 / 60cm
◆분포 / 동해 중부 이북(강원도
속초, 주문진), 일본 쓰시마 섬
이북, 오호츠크 해
◆이용 / 소금구이, 조림, 탕, 건어물

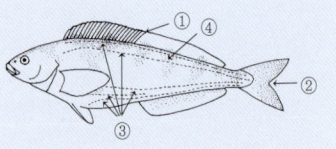

**특징⇒** ① 등지느러미의 극조부와 연조부 사이는 오목하게 팬 홈이 없이 거의
반듯하게 이어진다. ② 꼬리지느러미 뒤 가장자리는 안쪽으로 깊게 패어 있다.
③ 측선은 5개이다. 몸은 연한 황갈색 바탕에 ④ 어두운 구름무늬가 있고, 이
무늬는 배까지 이어지지 않으며, 배는 연한 황백색을 띤다.
**생태⇒** 수심 20~100m의 바위 지역에 무리를 이루어 생활하고, 물고기알과 갑
각류, 작은 물고기 등을 먹는다.
**이용⇒** 살은 흰색으로 냄새가 없으며, 지방이 풍부하지만 맛은 담백하다. 가을
과 겨울에 맛이 좋고, 대량으로 어획된 것들은 대개 펼쳐 말린 건어물로 만들어
요리에 이용된다.

## 빨간횟대 *Alcichthys elongatus* (Steindachner) [둑중개과]

◆영명 / Elkhorn sculpin ◆일명 / ニジカジカ(niji-kajika)
◆중명 / 雀杜父魚(què-dù-fù-yú)

◆전장 / 35cm
◆분포 / 동해, 일본 중부, 오호츠크 해
◆이용 / 튀김, 탕

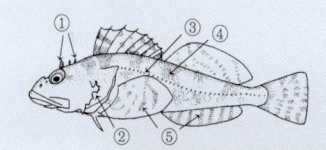

**특징**⇒ ① 눈 위에 끝이 여러 갈래로 갈라진 깃털 모양의 피판이 있으며, 후두부에도 2개의 작은 피판이 있다. ② 전새개골에는 4개의 가시가 있다. ③ 측선 위에만 비늘이 있다. 몸은 붉은색 바탕에 ④ 어두운 무늬가 있고, 연한 황갈색의 작고 둥근 반점들이 있다. 배는 연한 황갈색 또는 흰색이다. ⑤ 각 지느러미에 줄무늬가 있다.

❀ 흰색을 띤 배

**생태**⇒ 냉수성 어류로 수심 50m 정도의 바닥에 서식한다. 봄에 수컷이 연안의 바위 지역에 산란장을 만들어 암컷을 유인하여 산란시키고, 침성란 덩어리를 수컷이 보호한다.

**이용**⇒ 된장국의 국거리로 좋은 재료이다.

## 대구횟대 *Gymnocanthus herzensteini* Jordan and Starks  [둑중개과]

◆영명 / Black edged sculpin  ◆일명 / ツマグロカジカ(tsumaguro-kajika)
◆중명 / 裸杜父魚(luǒ-dù-fù-yú)

◆전장 / 40cm
◆분포 / 동해 중부 이북(강원도 속
초, 주문진), 일본 북부, 사할린
◆이용 / 튀김, 탕

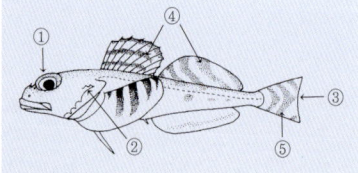

**특징**⇒ ① 눈 위에 피판이 없다. ② 전새개골의 가장자리에 4개의 가시가 있다.
③ 꼬리지느러미 뒤 가장자리는 약간 오목하다. ④ 등지느러미의 극조부와 연
조부는 연한 노란색 바탕에 검은 줄무늬가 있다. 꼬리지느러미 기부는 노란색
이고 ⑤ 중간에 너비가 넓고 검은 가로줄 무늬가 있다. 등은 암갈색이고 배는
흰색을 띤다. 유사종으로는 가시횟대(*G. intermedius*)가 있다.
**생태**⇒ 수심 50~100m의 모래와 바위 지역에 서식하며, 작은 어류와 새우류를
먹는다.
**이용**⇒ 제철은 겨울이며, 된장국의 국거리로 좋은 재료이다.

# 가시횟대

*Gymnocanthus intermedius* (Temminck and Schlegel)　　　[둑중개과]

◆영명 / Whip sculpin　◆일명 / アイカジカ(ai-kajika)
◆중명 / 中間裸刺杜父魚(zhōng-jiān-luǒ-cì-dù-fù-yú)

◆전장 / 25cm
◆분포 / 동해, 일본 중부 이북, 사할린
◆이용 / 튀김, 탕

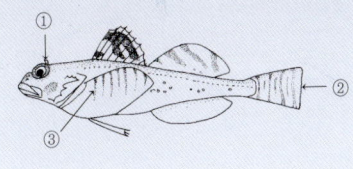

**특징**⇒ 대구횟대와 비슷하지만, ① 눈 위에 깃털 모양의 피판이 1개 있는 점, ② 꼬리지느러미 뒤 가장자리가 반듯한 점, ③ 가슴지느러미에 있는 줄무늬의 너비가 좁은 점으로 구분된다.

**생태**⇒ 수심 20~150m의 바닥에 살며, 소형 갑각류를 먹는다. 대구횟대와 함께 포항 이북의 경상북도와 강원도 연안에서 잡힌다.

**이용**⇒ 보통 잡어로 취급된다. 제철은 겨울이며, 된장국의 국거리로 좋은 재료이다.

## 살꺽정이 *Myoxocephalus polyacanthocephalus* (Pallas) [둑중개과]

◆영명 / Great sculpin  ◆일명 / トゲカジカ(toge-kajika)

◆중명 / 棘頭床杜父魚(jí-tóu-chuáng-dù-fù-yú)

◆전장 / 70cm
◆분포 / 동해 중부 이북(강원도 속초, 함북 청진), 일본 북부, 알래스카 만
◆이용 / 조림, 탕

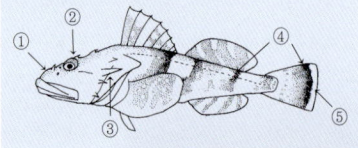

**특징⇒** 몸은 원통형으로 ① 머리는 상하로 납작하고, 배는 불룩하다. ② 머리 위에 골질돌기연이 뚜렷하고, 후두부에 2쌍의 작은 가시가 있다. ③ 전새개골에는 4개의 강한 가시가 있다. 몸은 진한 황갈색 바탕에 ④ 등지느러미의 극조부와 연조부 아래, 꼬리지느러미 기부에 흑갈색 무늬

가 있다. ⑤ 꼬리지느러미 뒤 가장자리에 뚜렷한 황백색 테두리가 있다.
**생태⇒** 연근해의 약간 깊은 곳과 연안 얕은 곳에 서식하고, 겨울철에 산란한다.
**이용⇒** 국거리로 이용하면 매우 맛있는 국물이 우러나와 별미이다. 그래서 일본에서는, 국을 한 냄비 다 먹고 바닥나 냄비가 부서질 정도라는 의미로 '나베코와시(냄비를 부숨)' 라는 별명을 가지고 있다. 횟대류 중에서 가장 맛이 좋다.

## 개구리꺽정이 *Myoxocephalus stelleri* Tilesius [둑중개과]

◆영명 / Frog sculpin  ◆일명 / ギスカジカ(gisu-kajika)
◆중명 / 史氏床杜父魚(shǐ-shì-chuáng-dù-fù-yú)

◆전장 / 45cm
◆분포 / 동해 북부, 일본 북부,
베링 해
◆이용 / 탕

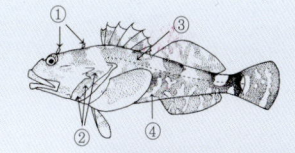

**특징**⇒ 몸은 원통형으로 전반부는 크고 뒤로 갈
수록 작아진다. ① 눈 위와 후두부에 각각 1쌍의
작은 피판이 있고 가시는 없다. ② 전새개골에 3
개의 가시가 있다. 등은 진한 갈색을 띠고 ③ 4개
의 어두운 가로무늬가 있다. 배는 연한 노란색 바
탕에 ④ 벌레가 지나간 듯한 흰 무늬가 뚜렷하다.
**생태**⇒ 냉수성 어종으로 연안의 바위 지역에 서
식하며, 갯지렁이류와 갑각류, 어류 등을 먹는다.

⬆ 벌레무늬가 뚜렷한 배

**이용**⇒ 국거리로 이용하면 맛있는 국물이 우러나와 별미이다.

## 삼세기 *Hemitripterus villosus* (Pallas)

[삼세기과]

◆영명 / Shaggy sculpin　◆일명 / ケムシカジカ(kemushi-kajika)

◆중명 / 絨杜父魚(róng-dù-fù-yú)

◆전장 / 40cm
◆분포 / 우리 나라 전 해역, 일본
　중부 이북, 오호츠크 해, 베링 해
◆이용 / 회, 탕

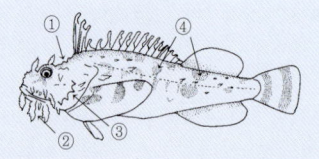

**특징**⇒ ① 머리 위에 돌기들이 많이 있고, ② 턱과 머리, 뺨, 그리고 몸에 끝이 갈라진 나뭇잎 모양의 많은 피판이 있다. ③ 전새개골에는 4개의 가시가 있고, 피부는 가시와 피질돌기로 덮여 있어 거칠다. 몸은 연한 갈색 바탕에 ④ 진한 갈색의 얼룩무늬가 있고, 배는 연한 녹갈색을 띤다. 몸이 노란색을 띠는 것도 있다.

**생태**⇒ 수심 10~100m의 모랫바닥이나 개펄 바닥에 서식하며, 갑각류와 어류를 먹는다. 산란기는 늦은 가을에서 겨울 사이이다.

**이용**⇒ 껍질을 벗기고 굵게 썰어서 알과 함께 국거리로 이용하며, 신선한 것은 회로 먹는다.

## 고무꺽정이 *Dasycottus japonicus* Tanaka

[물수배기과]

◆영명 / Spinyhead sculpin ◆일명 / ガンコ(ganko)
◆중명 / 棘頭須杜父魚(jí-tóu-xū-dù-fù-yú)

◆전장 / 35cm
◆분포 / 동해 중부 이북(강원도
　속초, 함남 원산), 일본 북부,
　오호츠크 해, 알래스카 만
◆이용 / 탕

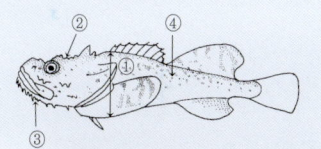

**특징**⇒ 피부는 부드럽거나 점액으로 덮여
있어 미끄럽다. ① 몸은 원통형으로 등지느
러미 극조부 앞의 체고가 가장 높고 뒤로
갈수록 가늘어진다. ② 머리의 등 쪽에는
끝이 무딘 골질돌기들이 돋아 있고, ③ 뺨
과 입 주변에 수염 모양의 많은 피판이 있
다. 몸은 연한 회갈색이고 ④ 검은 반점이
흩어져 있다.

◉ 위에서 내려다본 모양

**생태**⇒ 수심 20~800m의 바닥에 서식하며, 갑각류를 주로 먹는다.
**이용**⇒ 껍질을 벗기고 굵게 썰어서 국거리로 이용한다.

## 털수배기 *Eurymen gyrinus* Gilbert and Burke [물수배기과]

◆영명 / Spineless sculpin ◆일명 / ヤギシリカジカ(yagishiri-kajika)
◆중명 / 隱刺杜父魚(yǐn-cì-dù-fù-yú)

◆전장 / 40cm
◆분포 / 동해 중부 이북(경북 울진), 일본 북부, 베링 해
◆이용 / 탕

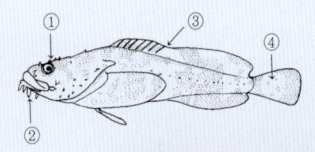

**특징**⇒ 피부는 부드럽거나 점액으로 덮여 있어 미끄럽다. ① 머리의 등 쪽에 골질돌기가 없고 피판이 있다. ② 뺨과 턱에 수염 모양의 많은 피판이 있다. ③ 등지느러미 극조부와 연조부 사이는 거의 반듯하게 지느러미막으로 연결되어 있다. ④ 꼬리지느러미 중간에 너비가 넓은 흰색 가로무늬가 뚜렷하다.

❁ 선명한 적황색을 띤 아가미막과 배

**생태**⇒ 수심 약 100m 정도의 연안에 서식한다.
**이용**⇒ 주로 매운탕으로 이용된다.

## 뚝지 *Aptocyclus ventricosus* (Pallas) [도치과]

◆영명 / Smooth lumpsucker   ◆일명 / ホテイウオ(hotei-uo)

◆중명 / 圓腹魚(yuán-fù-yú)

◆전장 / 40cm
◆분포 / 동해 중부 이북(강원도 속초, 주문진), 일본 북부, 베링 해
◆이용 / 탕

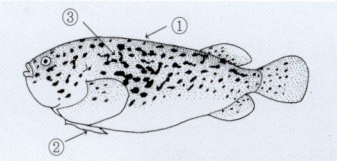

**특징**⇒ 몸은 둥근 모양이지만 피부와 근육이 부드러워 몸의 형태가 일정하지 않다. 피부는 점액으로 덮여 있어 미끄럽다. ① 등지느러미의 극조부는 몸 중앙에 위치하지만, 피부에 묻혀 구분하기 어려우며, 기조 수는 5~6극조이다. ② 배지느러미는 둥근 흡반으로 변형되어 있다. 몸의 상반부는 진한 녹갈색 또는 황갈색 바탕에 ③ 검은 점들이 흩어져 있다.

● 황갈색을 띤 뚝지

**생태**⇒ 수심 100~200m의 바닥에 서식한다. 바위에 알덩어리를 붙이고 수컷이 알을 보호하는 습성이 있다.

**이용**⇒ 주로 국거리로 이용하며, 아귀와 같은 담백한 맛을 낸다.

## 꼼치 *Liparis tanakai* (Gilbert and Burke) [꼼치과]

◆영명 / Tanaka's snailfish ◆일명 / クサウオ(kusauo)
◆중명 / 細紋獅子魚(xì-wén-shī-zi-yú)

◆전장 / 60cm
◆분포 / 서해와 남해, 일본 홋카이도 남부를 포함한 전 해역, 동중국해
◆이용 / 탕

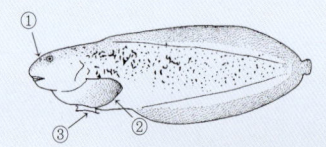

**특징**⇒ 피부와 근육이 부드러워 몸의 형태가 잘 유지되지 않는다. 눈은 작고 머리의 등 쪽에 있으며, ① 눈 앞에 2쌍의 콧구멍이 있다. ② 가슴 지느러미는 크고 아래쪽에 홈이 없다. ③ 배지느러미는 둥근 흡반으로 변형되었다. 모든 지느러미는 검은색을 띠고, 몸 전체는 연한 갈색을 띤다. **생태**⇒ 수심 20~120m의 바닥에 서식하고 새우

● 물메기탕

류와 작은 어류를 먹는다. 12~2월에 산란하고, 알은 덩어리의 침성란이다. 수명은 1~2년이다.

**이용**⇒ 배를 갈라 내장을 발라 낸 다음 말려서 탕의 재료로 이용한다. 산란기의 것이 가장 맛이 있고 식용 가치가 있다.

○ 걸그물로 잡은 꼼치(전북 어청도)

쏨뱅이목 (Scorpaeniformes)

### ❖ 겨울철의 별미 물메기탕

겨울철에 탕을 좋아하는 미식가들에게 물메기탕은 인기 있는 음식 중 하나이다. 단백질과 비타민 등이 풍부하고, 감기를 예방하여 겨울철 음식으로 제격이다. 살아 있을 때도 육질이 흐물거리듯 부드러워서 몸의 형태가 뚜렷하게 이루어지지 않으며, 탕으로 해도 육질이 흩어져 씹히는 맛은 느낄 수 없다. 육질이 쉽게 풀어지기 때문에, 물고기 중에서 유일하게 숟가락으로 떠먹어야 하는 것이 꼼치과의 물고기이다. 뜨거운 국물과 함께 풀어져 입 안에서 녹는 감칠맛이 일품이다.

그런데 서해안의 경우 물메기탕에 들어가는 재료는 물메기가 아닌 꼼치가 대부분이다. 물론 물메기도 꼼치과에 속하고 동해안을 중심으로 식용으로 이용되는데, 둘 다 신선한 고기의 내장을 발라 낸 다음 말려서 탕의 재료로 이용한다. 따라서 서해안에서 물메기라 하면 모두 꼼치를 말하는 것이다.

119

위 : 무늬가 있는 개체, 아래 : 무늬가 없는 개체

## 아가씨물메기 *Liparis agassizii* Putnam [꼼치과]

◆영명 / Agassiz's snailfish　◆일명 / エゾクサウオ(ezo-kusauo)

◆중명 / 阿氏獅子魚(ā-shì-shī-zi-yú)

◆전장 / 40cm
◆분포 / 동해, 홋카이도 이남의
　일본 북부, 사할린
◆이용 / 탕

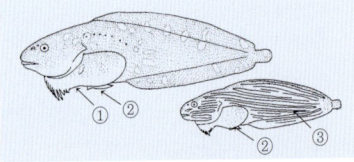

**특징**⇒ 피부와 근육이 부드러워 몸의 형태가 잘 유지되지 않는다. ① 가슴지느러미 아래 가장자리는 깊게 패어 있다. ② 배지느러미는 둥근 흡반으로 변형되어 있다. 몸은 흑갈색 또는 황갈색이고, ③ 몸과 지느러미에 실 모양의 긴 세로줄 무늬들이 좁은 간격으로 물결처럼 나타난다. 무늬가 없는 개체도 있다.

**생태**⇒ 수심 100m 내외의 바닥에 서식한다.

**이용**⇒ 배를 갈라 내장을 발라 낸 다음 말려서 탕의 재료로 이용한다.

## 물메기 *Liparis tessellatus* (Gilbert and Burke)  [꼼치과]

◆영명 / Cubed snailfish  ◆일명 / ビクニン(bikunin)
◆중명 / 方斑獅子魚(fāng-bān-shī-zi-yú)

◆전장 / 35cm
◆분포 / 동해, 일본 중부, 쿠릴 열도 남부
◆이용 / 탕, 어묵

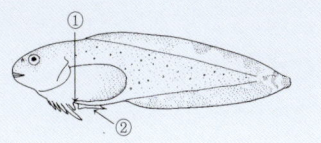

**특징**⇒ 피부와 근육이 부드러워 몸의 형태가 잘 유지되지 않는다. ① 가슴지느러미는 크고 아래쪽의 가장자리가 깊게 패어 있어서 꼼치와 구분된다. ② 배지느러미는 둥근 흡반으로 변형되어 있다. 몸 전체가 연한 갈색을 띤다.

**생태**⇒ 수심 0~270m의 모랫바닥이나 개펄 바닥에 서식한다. 강원도 중부 연근해에서 주로 어획되며, 꼼치과의 다른 어종에 비해 소형종이다.

**이용**⇒ 잡어로 취급되거나 어묵의 재료로 이용하며, 배를 갈라 내장을 발라 낸 다음 말려서 탕의 재료로 이용한다. 상품 가치는 크지 않다.

위 : ♂, 아래 : 우

## 미거지 *Liparis ingens* (Gilbert and Burke)

[꼼치과]

◆영명 / Okhotsk snailfish ◆일명 / コウライビクニン(kōuraibikunin)
◆중명 / 奧霍獅子魚(ào-huò-shī-zi-yú)

◆전장 / 70cm
◆분포 / 동해 중부 이북, 일본 북부, 오호츠크 해
◆이용 / 탕

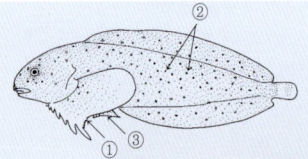

**특징**⇒ 피부와 근육이 부드러워 몸의 형태가 잘 유지되지 않는다. ① 가슴지느러미는 크고 아래쪽 가장자리는 깊게 패어 홈을 이룬다. ② 어미의 몸에는 과립상의 돌기들이 밀집되어 나타난다. ③ 배지느러미는 둥근 흡반으로 변형되어 있다. 수컷은 적자색 또는 흑자색을 띠며, 암컷은 황갈색을 띤다.

❀ 물곰탕

**생태**⇒ 주로 수심 50~600m 부근의 저층에 서식한다.
**이용**⇒ 배를 갈라 내장을 발라 낸 다음 말려서 탕의 재료로 이용한다.

## ❖ 꼼치과 어류

꼼치과 어류는 세계적으로 195종이 알려져 있고, 우리 나라에는 꼼치를 비롯하여 물메기, 분홍꼼치(*Careproctus rastrinus*), 물미거지(*Crystallichthys matsushimae*), 아가씨물메기, 노랑물메기(*Liparis chefuensis*), 미거지, 보라물메기(*L. megacephalus*) 등 8종이 있다. 이 물고기들은 모두 피부와 근육이 부드러워 뚜렷한 몸의 형태가 이루어지지 않는 것이 특징이고, 등지느러미와 뒷지느러미가 길게 이어져 꼬리지느러미와 겹친다.

● 내장을 발라 낸 꼼치

꼼치와 물메기는 같은 과에 속하기는 하나 서로 다른 어종이다. 꼼치는 서해안과 남해안에서 주로 잡히고, 어미의 최대 전장이 60cm 정도인 반면,

● 미거지

물메기는 동해안에서 잡히고, 어미의 최대 전장도 35cm 정도에 불과하다. 가장 쉽게 구분할 수 있는 특징은 가슴지느러미의 모양이다. 꼼치는 가슴지느러미의 가장자리가 둥글지만 물메기는 가슴지느러미의 하단이 오목하게 패어 있다.

또, 동해 중부 이북의 연근해에서 잡히는 꼼치과 어류 중에 미거지가 있다. 이 종 역시 서해안의 꼼치와 같이 어미의 최대 전장이 70cm 정도로 대형 어종이지만, 동해안에 한정되어 분포하고 서해안에는 출현하지 않는다. 미거지의 가슴지느러미 형태도 물메기와 같이 하단 가장자리가 오목하게 패어 있다.

꼼치과 어류 가운데 주로 미거지가 물곰탕의 재료로 이용되는데, 배를 갈라 내장을 발라 낸 다음 말려서 탕으로 요리한다. 강원도 속초에서 물곰탕은 잘 알려진 겨울철 요리이다.

# 농어 *Lateolabrax japonicus* (Cuvier)　　[농어과]

◆영명 / Sea perch　◆일명 / スズキ(suzuki)

◆중명 / 鱸(lú), 鱸魚(lú-yú), 花鱸(huā-lú)

◆전장 / 1m

◆분포 / 우리 나라 전 해역, 일본, 중국, 타이완

◆이용 / 회, 탕, 찜, 소금구이

**특징**⇒ ① 입이 크고 아래턱이 위턱보다 약간 돌출되었다. ② 전새개골에 2개의 가시가 있고, 그 가장자리에는 톱니 모양의 거치가 있다. 등은 회청색으로 진하고, 배는 은빛 광택이 나는 흰색이다.
**생태**⇒ 연안에서 유영 생활을 하다가 여름철에는 기수와 담수에도 올라오며, 유어기 때는 동물성 플랑크톤을 먹다가 좀더 자라면 갑각류와 망

❂ 농어회

둑어를 비롯한 작은 물고기를 먹는다. 산란기는 11~12월이며, 강 하구의 바위 지역에서 산란한다.

**이용**⇒ 산란 직전인 가을에 알을 품은 것이 인기가 있다. 활어는 잡은 즉시 피를 제거하고 차갑게 보관하면 그 맛이 유지된다. 희고 담백한 살은 회로 먹기에 적합하고, 특히 여름에 가장 맛이 좋다.

### ❖ 소화불량에 효과가 있는 농어와 점농어

농어목 어류를 대표하는 것은 물론 농어과의 농어이며, 우리 나라의 농어과 어류는 과거에 농어와 넙치농어(*Lateolabrax latus*) 2종이 있었으나, 최근에 점농어(*L. maculatus*)가 새로 포함되어 모두 3종이 알려져 있다.

○ 점농어

점농어의 몸의 형태는 농어와 같지만, 몸에 검은 점들이 흩어져 있는 점으로 구분된다. 농어와 점농어는 전장이 1m 이상 자라는 어종으로, 회를 비롯하여 각종 요리에 다양하게 이용되는 주요 수산 어종이다. 갓 잡아 올린 농어는 얇게 회를 치면 살이 투명하고 탄력과 매끈함도 뛰어나 참돔보다 맛이 더 좋은 것으로 알려져 있다.

중국에서는 농어를 노어(鱸魚)라고 하는데, 「본초경소(本草經疏)」에는 "노어는 맛이 달고 연하며, 기(氣)가 평(平)하여 비위(脾胃)에 좋다."라고 기록되어 오래 전부터 약재로 이용되고 있고, 「식료본초(食療本草)」에는 "회로 먹으면 더욱 좋다."는 기록이 있다.

약으로 이용하는 방법으로는 몸 전체를 약으로 사용하며, 내장을 제거하고 깨끗이 씻어 햇볕에 말려 비축한다. 농어의 육질 100g에는 수분과 단백질 17.5g, 지방 3.1g, 탄수화물 0.4g, 칼슘 56mg, 인 131mg과 그 밖에 철, 비타민 $B_2$ 등이 포함되어 있다.

소화불량에 대한 치료로, 적당한 크기의 농어 2마리를 내장과 비늘을 제거하고 파와 생강을 넣어 오래 달여 수시로 먹으면 효과가 있다. 또, 백일해에 대한 치료로는, 농어 10여 마리를 노랗게 구운 다음 가루를 내어 하루 2회 소량을 복용하면 좋다. 농어는 시장에서 흔히 구할 수 있는 물고기이므로, 여러 가지 약으로도 소화불량을 완치하지 못하고 고생하는 사람들은 한 번쯤 시도해 볼 일이다. 점농어도 농어와 같은 방법으로 이용한다.

## 눈볼대 *Doederleinia berycoides* (Hilgendorf) [반딧불게르치과]

◆영명 / Black throat seaperch ◆일명 / アカムツ (akamutsu)

◆중명 / 赤鮻(chì-líng), 紅鱸(hóng-lú)

◆전장 / 30cm

◆분포 / 제주도를 포함한 남해,
 일본 중부 이남, 인도양 동부,
 서태평양

◆이용 / 회, 조림, 소금구이, 찌개

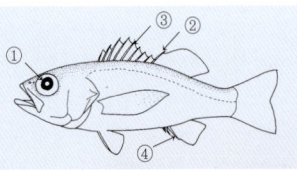

**특징**⇒ ① 눈은 매우 크고, 눈 지름은 주둥이 길
이보다 길다. ② 등지느러미의 가장 마지막 극조
는 바로 앞의 것보다 길다. ③ 등지느러미 기조
수는 9극조 10연조, ④ 뒷지느러미는 3극조 6~
8연조이다. 몸과 지느러미 전체가 선홍색을 띠
며, 배는 약간 밝다.

**생태**⇒ 수심 100~200m의 저층부에 서식한다.

**이용**⇒ 살은 담홍색으로 부드럽고 매우 맛있다. 조림에 적당하고, 작은 것은 펼
쳐 말려서 소금구이로 먹는다.

**돗돔** *Stereolepis doederleini* Lindberg and Krasyukova [반딧불게르치과]

◆영명 / Striped jewfish, Sea bass　◆일명 / オオクチイシナギ(ōkuchi-ishinagi)
◆중명 / 杜氏堅鱗鱸(dù-shì-jiān-lín-lú), 堅鱗鱸(jiān-lín-lú)

◆전장 / 2m
◆분포 / 동해와 제주도를 포함한
　남해, 일본 홋카이도 이남
◆이용 / 회, 소금구이, 탕, 조림

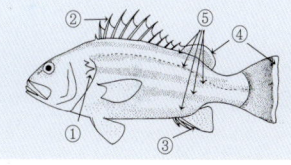

**특징**⇒ ① 새개골에 2개의 강한 가시가 있다. ② 등지느러미 기조 수는 11~12 극조 9~11연조, ③ 뒷지느러미는 3극조 7~10연조이다. ④ 등지느러미 연조부와 꼬리지느러미 뒤 가장자리에 흰 테두리가 있다. 어릴 때의 몸은 흑갈색 바탕에 ⑤ 5개의 연한 녹갈색 세로줄 무늬가 있는데, 성장하면서 줄무늬가 불분명해진다. 전장 1m 이상의 대형어는 몸 전체가 흑갈색을 띤다.

**생태**⇒ 새끼는 수심 100m 미만의 얕은 곳에 살다가, 성장하면 깊은 곳으로 간다. 어미는 수심 400~600m의 바위 지역에 서식하고, 산란기는 5~6월이다.

**이용**⇒ 대형 어종으로 2~3kg의 중간 크기의 것이 맛이 좋다. 여름철에 맛이 좋고, 흰살에 지방이 많다. 큰 것의 간은 비타민 A가 다량 함유되어 있어서, 너무 많이 먹으면 비타민 A 과잉증으로 두통이나 피부병을 유발할 수 있다.

위 : ♂, 아래 : 우

## 붉벤자리 *Caprodon schlegelii* (Günther) [바리과]

◆영명 / Schlegel's red bass  ◆일명 / アカイサキ (aka-isaki)
◆중명 / 許氏菱牙鮨 (xǔ-shì-líng-yá-yì), 紅鶏魚 (hóng-jī-yú)

◆전장 / 40cm
◆분포 / 제주도를 포함한 남해, 일본 남부, 하와이, 오스트레일리아
◆이용 / 회, 소금구이, 조림, 건어물

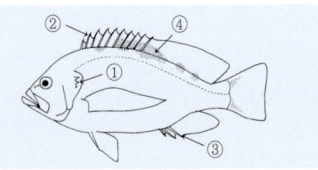

**특징**⇒ ① 새개골에 3개의 가시가 있다. ② 등지느러미 기조 수는 10극조 19～21연조, ③ 뒷지느러미는 3극조 7～9연조이다. 수컷은 노란색 바탕에 등지느러미 극조부에 검은 무늬가 있다. 암컷은 수컷보다 좀더 진한 적황색을 띠고, ④ 등지느러미에 3～4개의 암갈색 무늬가 있다.

**생태**⇒ 연안의 바위 지역에 서식한다.

**이용**⇒ 다양하게 요리로 이용하지만 맛이 좋은 어종은 아니다.

## 붉바리 *Epinephelus akaara* (Temminck and Schlegel) [바리과]

◆영명 / Red-spotted grouper　◆일명 / キジハタ(kiji-hata)
◆중명 / 赤点石斑魚(chì-diǎn-shí-bǎn-yú)

◆전장 / 40cm
◆분포 / 제주도를 포함한 남해, 일본 홋카이도 이남, 중국, 타이완
◆이용 / 회, 탕

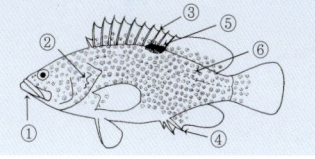

**특징**⇒ ① 입술이 두껍고, 아래턱이 위턱보다 약간 길다. ② 새개골에 3개의 가시가 있다. ③ 등지느러미 기조 수는 11극조 15~17연조, ④ 뒷지느러미는 3극조 8~9연조이다. ⑤ 등지느러미 중앙의 아래에 어두운 반점이 있다. 몸은 보통 연한 갈색 바탕에 진한 자갈색 구름무늬가 있고, ⑥ 몸 전체에 동공 크기의 등적색 반점들이 일정한 간격으로 흩어져 있다.

**생태**⇒ 얕은 바다의 바위 지역에 서식한다.

**이용**⇒ 살은 흰색으로, 담백하고 맛이 있어서 회로 먹기에 적합하다. 잔 가시가 적어서 요리하기 쉬우며, 고급 어종이다.

## 도도바리 *Epinephelus awoara* (Temminck and Schlegel) [바리과]

◆영명 / Banded grouper, Yellow grouper　◆일명 / アオハタ(ao-hata)
◆중명 / 靑石斑魚(qīng-shí-bān-yú), 靑斑(qīng-bān)

◆전장 / 40cm
◆분포 / 제주도를 포함한 남해,
　일본 중부 이남, 중국해
◆이용 / 회, 조림, 탕

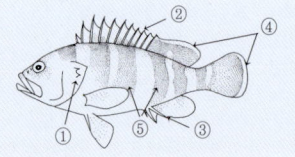

**특징**⇒ ① 새개골의 가장자리에 2~3개의 가시가 있다. ② 등지느러미 기조 수는 11극조 15~16연조, ③ 뒷지느러미는 3극조 8~9연조이다. ④ 등지느러미 연조부와 꼬리지느러미 가장자리에는 노란색 테두리가 뚜렷해서 유사종인 능성어(*E. septemfasciatus*)와 구분된다. 몸은 연한 회갈색 바탕에 ⑤ 6개의 진한 갈색 가로줄 무늬가 있고, 몸 전체에 작은 노란색 반점들이 흩어져 있다.
**생태**⇒ 연안 얕은 곳의 바위 지역이나 모래·개펄 지역에 서식한다.
**이용**⇒ 살이 많고 맛이 좋은 어종이며, 횟감으로 많이 이용된다.

## 자바리 *Epinephelus bruneus* Bloch

[바리과]

- ◆영명 / Kelp grouper　◆일명 / クエ(kue)
- ◆중명 / 褐石斑魚(hè-shí-bān-yú)

- ◆전장 / 80cm 이상
- ◆분포 / 제주도를 포함한 남해, 일본 남부, 중국, 필리핀
- ◆이용 / 회, 탕, 구이

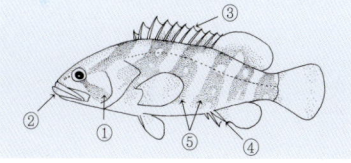

**특징**⇒ ① 전새개골의 가장자리는 약간 둥글고 가시가 없다. ② 입이 크고, 아래턱이 위턱보다 길다. ③ 등지느러미 기조 수는 11극조 13~15연조, ④ 뒷지느러미는 3극조 8~9연조이다. 몸은 다갈색 바탕에 ⑤ 머리에서 미병부까지 6~7개의 흑갈색 가로무늬가 약간 비스듬하게 나타난다.

**생태**⇒ 연안의 바위 지역에 서식한다.

**이용**⇒ 살은 흰색으로, 회뿐만 아니라 탕으로도 매우 맛이 있다. 회는 약간 시간이 지나면 육질이 부드러워져 맛이 더욱 좋다. 버리는 부분이 없이 내장부터 뼈, 눈알까지 전부 먹을 수 있다. 껍질과 살 사이의 젤라틴도 맛이 있기 때문에 비늘을 벗겨 낸 다음 살을 뜨거운 물에 데쳐서 먹어도 좋다. 제주도에서 인기 있는 물고기로 값이 비싸며, 제주도에서는 이 종을 '다금바리' 라고 한다.

## 점줄우럭 *Epinephelus epistictus* (Temminck and Schlegel) [바리과]

◆영명 / Black-spotted grouper  ◆일명 / コモンハタ (komon-hata)
◆중명 / 小点石斑魚 (xiǎo-diǎn-shí-bān-yú)

◆전장 / 30cm
◆분포 / 남해, 일본 남부, 인도양, 서태평양
◆이용 / 구이, 찜, 조림, 찌개

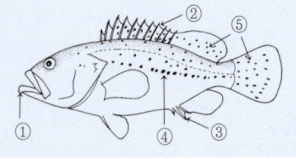

**특징**⇒ ① 주둥이는 길고 뾰족하며, 아래턱이 위턱보다 약간 길다. ② 등지느러미 기조 수는 11극조 13~15연조, ③ 뒷지느러미는 3극조 7~8연조이다. ④ 눈 위에서 꼬리지느러미 기부에 이르는 몸의 중앙에 동공보다 작은 점들이 열을 이룬다. ⑤ 등지느러미와 꼬리지느러미에도 같은 모양의 점들이 흩어져 있다. 어미는 점무늬가 뚜렷하지 않다.

**생태**⇒ 수심 50~100m의 바위와 모래·개펄 지역에 서식한다. 많이 어획되는 종은 아니다.

**이용**⇒ 주로 구이로 이용된다.

## 홍바리 *Epinephelus fasciatus* (Forsskål)

[바리과]

◆영명 / Black-tipped rock cod, Banded reef cod   ◆일명 / アカハタ (aka-hata)

◆중명 / 黑邊石斑魚(hēi-biān-shí-bān-yú)

◆전장 / 30cm

◆분포 / 제주도를 포함한 남해, 일본 남부, 남중국해, 인도양, 서태평양, 홍해

◆이용 / 구이, 찜, 조림, 찌개

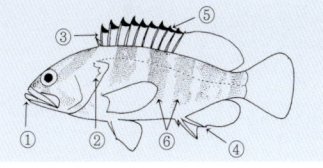

**특징**⇒ ① 아래턱이 위턱보다 약간 길고, ② 새개골 뒤쪽에는 3~4개의 작은 가시가 있다. ③ 등지느러미 기조 수는 11극조 15~17연조, ④ 뒷지느러미는 3극조 7~8연조이다. ⑤ 등지느러미 극조부의 가장자리는 검은색이 뚜렷하다. 몸은 연한 등적색 바탕에 ⑥ 등지느러미 극조부에서 미병부에 이르기까지 5개의 암적색 가로줄 무늬가 있으며, 배는 연한 색이다.

**생태**⇒ 연안의 바위 지역에 서식하며, 낚시로도 잡힌다.

**이용**⇒ 바리과 어류 가운데 맛이 좋은 편은 아니다. 살은 흰색으로, 담백하지만 회로서의 이용 가치는 적고, 구이나 찜 요리로 적당하다.

## 능성어 *Epinephelus septemfasciatus* (Thunberg)     [바리과]

◆영명 / Seven-banded grouper, Seven-banded rock cod

◆일명 / マハタ(ma-hata) ◆중명 / 七帶石斑魚(qī-dài-shí-bān-yú), 眞鮨(zhēn-yì)

◆전장 / 90cm

◆분포 / 제주도를 포함한 남해,
일본 홋카이도 이남, 남중국해,
인도양

◆이용 / 회, 초밥, 조림, 구이

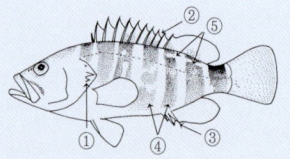

**특징**⇒ ① 새개골의 가장자리에 1~2개의 강한 가시가 있다. ② 등지느러미 기조 수는 11극조 13~16연조, ③ 뒷지느러미는 3극조 9~10연조이다. 몸은 갈색 바탕에 ④ 등지느러미 극조부 앞에서 미병부까지 7개의 진한 흑갈색 가로줄 무늬가 있고, ⑤ 특히 다섯 내지 여섯째 번 줄무늬는 등 쪽에서 분리된다.

**생태**⇒ 연안과 심해의 바위 지역에 서식하며, 낚시로도 잡힌다.

**이용**⇒ 여름에 고기맛이 좋다. 살은 흰색으로, 잔뼈가 적어서 요리하기에 좋다. 내장을 발라 낸 다음 말려서 구워 먹어도 맛이 있다. 바리과 어류 가운데 맛이 좋은 고급 어종이다.

⬆ 바위 지역에 주로 서식하는 능성어(제주특별자치도 서귀포)

⬆ 능성어 건어물(전남 녹동)

## 다금바리 *Niphon spinosus* Cuvier [바리과]

◆영명 / Saw-edged perch　◆일명 / ア ラ(ara)
◆중명 / 東海鱸(dōng-hǎi-lú), 東洋鱸(dōng-yáng-lú)

◆전장 / 1.2m
◆분포 / 제주도를 포함한 남해, 일본 남부, 필리핀
◆이용 / 회, 소금구이, 조림, 찌개

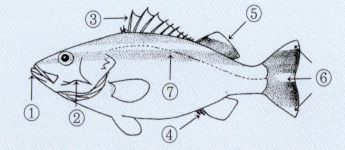

**특징⇒** ① 아래턱이 위턱보다 약간 길고, ② 전새개골에는 끝이 뒤를 향한 강한 가시가 있다. ③ 등지느러미 기조 수는 13극조 10~11연조, ④ 뒷지느러미는 3 극조 6~8연조이다. ⑤ 등지느러미의 연조부 가장자리가 흰색을 띠고, ⑥ 꼬리 지느러미 중앙과 양 끝은 흰색을 띤다. 유어기에는 등에 연한 갈색 바탕에 ⑦ 진한 세로줄 무늬가 있지만 성장하면서 희미해진다.

**생태⇒** 수심 100~140m의 바위 지역에 서식하며, 산란기는 여름철이다.

**이용⇒** 제철은 겨울이며, 살에 지방이 많은 고급 어종이다. 회는 살에 탄력이 있어서 얇게 썰면 맛이 있고, 2~3일 정도 두면 맛이 더욱 좋아진다. 머리와 내 장도 소금구이나 뜨거운 물에 데쳐서 요리로 이용한다. 회 외에도 구이와 조림, 국거리에 다양하게 이용된다.

## 뿔돔 *Cookeolus japonicus* (Cuvier)  [뿔돔과]

◆영명 / Goggle eye, Black-fined big eye　◆일명 / チカメキントキ(chikame-kintoki)

◆중명 / 黑鰭大眼鯛(hēi-qí-dà-yǎn-diāo), 紅目大眼鯛(hóng-mù-dà-yǎn-diāo)

◆전장 / 60cm

◆분포 / 제주도와 남해, 동해 남부, 일본 남부, 인도양, 서태평양, 남중국해, 하와이

◆이용 / 회, 조림

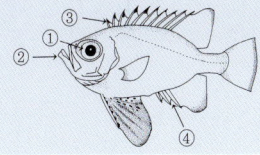

**특징**⇒ ① 눈이 커서 눈 지름은 주둥이 길이보다 길고, ② 아래턱이 위턱 앞으로 돌출하여, 입은 위를 향해 열린다. ③ 등지느러미 극조는 가장 앞의 것이 짧고 뒤로 갈수록 길며, 기조 수는 10극조 12연조, ④ 뒷지느러미는 3극조 12연조이다. 등지느러미 극조부와 배지느러미의 막은 검은색을 띠고, 몸은 주홍색을 띤다.

**생태**⇒ 수심 100m 정도에 서식하며, 갑각류와 연체동물, 작은 물고기를 먹는다.

**이용**⇒ 살은 흰색으로, 맛이 좋다. 등지느러미의 가시가 날카롭기 때문에 다룰 때 주의가 필요하다.

## 홍치 *Priacanthus macracanthus* Cuvier [뽈돔과]

◆영명 / Red bulleye, Truncate-tailed big eye  ◆일명 / キントキダイ(kintokidai)
◆중명 / 短尾大眼鯛(duǎn-wěi-dà-yǎn-diāo)

◆전장 / 35cm
◆분포 / 제주도를 포함한 남해, 일본 남부, 남중국해, 오스트레일리아 북부, 홍해
◆이용 / 회, 소금구이, 조림, 튀김

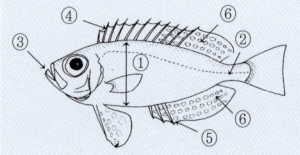

**특징**⇒ ① 긴 난형으로 머리 뒷부분부터 미병부 앞까지 체고가 비슷하며, ② 미병부는 매우 낮다. ③ 아래턱이 위턱 앞으로 돌출하여, 입은 위를 향해 열린다. ④ 등지느러미 기조 수는 10극조 13~14연조, ⑤ 뒷지느러미는 3극조 14~15연조이다. ⑥ 등지느러미 연조부와 뒷지느러미에는 진하고 둥근 노란 점들이 있다. 몸은 선홍색을 띤다.

**생태**⇒ 수심 80~120m, 수온 17~22℃, 염분 34.5‰ 정도의 해역에 많이 서식한다.

**이용**⇒ 보통 잡어로 취급되어 구이와 조림으로 해 먹으며, 신선한 것은 회로 먹어도 좋다.

## 청보리멸 *Sillago japonica* Temminck and Schlegel [보리멸과]

◆영명 / Silver whiting ◆일명 / シロギス(shirogisu)
◆중명 / 少鱗鱚(shào-lín-xǐ)

◆전장 / 35cm
◆분포 / 제주도를 포함한 남해와
서해, 일본 홋카이도 이남, 타
이완, 필리핀
◆이용 / 소금구이, 건어물, 회, 튀김

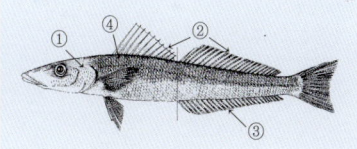

**특징⇒** 체고가 낮고 긴 원통형이다. ① 아가미뚜껑 뒤에 약한 가시가 1개 있다.
② 등지느러미는 2개로 분리되어 있고, ③ 뒷지느러미는 제2등지느러미 아래에
거의 대칭으로 위치한다. ④ 측선 상부의 비늘열이 3~4개이다. 몸은 연한 갈
색이며, 배는 흰빛을 띤다. 유사종으로는 별보리멸(*S. aeolus*), 보리멸(*S. sihama*)
이 있다.

**생태⇒** 연안의 모랫바닥에 서식하며, 소리에 민감하여 위험을 느끼면 모래 속
으로 숨는 습성이 있다. 갑각류와 갯지렁이, 작은 조개류를 먹는다. 여름철에
해수욕장 등의 백사장에서 낚시로 잘 잡힌다.

**이용⇒** 살은 희고, 맛이 담백하다. 신선한 것은 회로 먹어도 좋으며, 연중 맛이
있지만 여름철에 특히 맛이 있다.

## 옥돔 *Branchiostegus japonicus* (Houttuyn) [옥돔과]

◆영명 / Horse head fish ◆일명 / アカアマダイ(aka-amadai)
◆중명 / 日本方頭魚(rì-běn-fāng-tóu-yú)

◆전장 / 45cm
◆분포 / 제주도, 일본 중부 이남, 남중국해
◆이용 / 건어물, 구이, 찜, 회, 튀김

**특징⇒** ① 눈 앞쪽 외곽선은 둥글게 굽어 내려오고, ② 입은 주둥이 아래에 위치한다. ③ 등지느러미는 극조부와 연조부가 일직선으로 길게 연결되어 있고, ④ 꼬리지느러미 뒤 가장자리는 이중 만입형이다. ⑤ 꼬리지느러미에는 담황색 바탕에 5~6개의 세로줄 무늬가 있다.

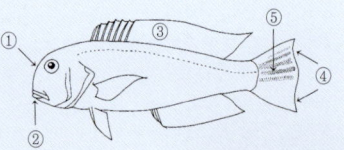

**생태⇒** 바닥이 모래와 개펄로 이루어진, 수심 20~150m, 수온 16~20℃의 따뜻한 수역에 서식한다.

❍ 옥돔구이

**이용⇒** 살은 희고 부드러우며, 구이나 찜이 맛이 있는데, 살에 물기가 많고 신선도를 유지하기가 어려우므로 싱싱할 때 살을 발라 내어 가볍게 소금에 절여 요리에 이용한다. 튀김과 된장절임, 구이, 회 등 다양하게 요리할 수 있다.

### ❖ 제주도 특산물 옥돔

제주도를 여행하고 돌아올 때의 선물은, 과일의 경우에는 귤, 생선의 경우에는 옥돔이 그 첫째 번일 것이다. 옥돔은 제주도의 특산물로서, 건어물로 상품화되어 제주도를 대표한 지 오래 되었다. 모양이 돔과 비슷하지만 체고가 낮고 길며, 등지느러미가 아가미구멍 위에서 시작되어 꼬리지느러미 앞까지 길게 이어져 있다. 주낙이나 저인망으로 잡는다.

◐ 옥두어

◐ 등흑점옥두어

옥돔과에 포함되는 물고기는 세계적으로 5속 39종이 있으며, 우리 나라 연안에는 옥돔을 비롯하여 옥두어(*Branchiostegus albus*), 등흑점옥두어(*B. argentatus*), 황옥돔(*B. auratus*) 등 4종이 있고, 대부분이 제주도 해역에 서식하고 있다. 이 가운데 옥돔의 어획량이 가장 많다.

옥돔과에 속하는 어류 중에서 가장 맛이 좋은 좋은 옥두어로 알려져 있다. 어미는 전장 약 40cm까지 자라는데, 옥돔에 비해 몸 전체가 흰빛을 띠고, 꼬리지느러미에 노란색의 가는 줄무늬들이 위에서 아래쪽으로 이어지기 때문에 다른 옥돔류와 쉽게 구분된다. 일본에서는 옥돔류 가운데 이 종이 가장 비싸게 팔리지만, 우리 나라에서는 잡히는 양이 매우 적어 옥돔과 섞어서 팔린다. 황옥돔과 등흑점옥두어도 마찬가지로 옥돔에 비해 잡히는 양이 매우 적다. 이 두 종은 옥돔에 비해 맛이 떨어지는데, 모두 옥돔과 같은 방법으로 요리해서 먹는다.

신선한 옥돔을 접할 기회는 옥돔을 어획하는 어민들 외에는 거의 없기 때문에 날로 먹는 경우는 드물고, 대개 건어물로 이용되고 있다. 그러나 막 잡아 올린 신선한 옥돔은 회로 쳐서 먹으면 맛이 일품이다. 우리 나라와 마찬가지로 일본에서도 고급 어종으로 취급된다.

## 날쌔기 *Rachycentron canadum* (Linnaeus)　　　　[날쌔기과]

◆영명 / Cobia, Black kingfish ◆일명 / スギ(sugi)
◆중명 / 軍曹魚(jūn-cáo-yú)

◆전장 / 1.5m
◆분포 / 제주도를 포함한 남해와 서해 남부, 동태평양을 제외한 세계의 열대와 아열대 해역
◆이용 / 어묵

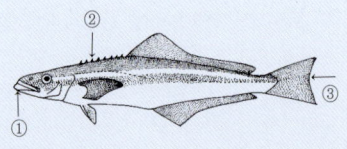

**특징⇒** 몸은 원통형으로 긴 방추형이며, 주둥이는 길고 ① 아래턱이 위턱보다 길다. ② 제1등지느러미는 지느러미막이 없이 7~9개의 작은 가시로 이루어져 있다. ③ 어미의 꼬리지느러미 뒤 가장자리는 안쪽으로 둥글게 패어 있지만 새끼의 것은 밖으로 볼록하다. 모든 지느러미는 흑갈색을 띠고, 등은 흑갈색, 배는 흰색을 띤다.

**생태⇒** 따뜻한 바다의 중층 또는 표층에 서식한다.

**이용⇒** 우리 나라와 일본에서는 주요 식용어는 아니며 잡어로 취급된다. 그러나 타이완과 홍콩에서는 제법 인기 있는 식용어로 양식도 이루어진다.

# 만새기 *Coryphaena hippurus* Linnaeus [만새기과]

◆영명 / Dolphin fish, Common dolphin fish ◆일명 / シイラ(shira)
◆중명 / 鯕鰍(qí-qiū)

◆전장 / 2m
◆분포 / 동해와 제주도를 포함한 남해, 세계의 온대와 열대 해역
◆이용 / 회, 소금(양념)구이, 조림, 튀김

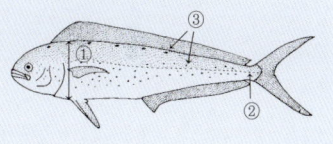

**특징**⇒ 몸은 길고, ① 체고는 배지느러미 앞부분이 가장 높고 뒤로 갈수록 낮아져 ② 미병부에서는 매우 낮다. 등은 진한 파란색이고, 배는 연한 노란색 또는 은백색을 띤다. ③ 몸에는 진한 남색 점들이 흩어져 있으며, 모든 지느러미는 흑청색을 띤다.

**생태**⇒ 바다의 표층이나 중층을 무리를 지어 유영하고, 난대성 어류로 여름철에는 난류를 따라 고위도까지 출현한다.

**이용**⇒ 신선할 때는 회로도 먹지만, 보통 소금구이나 양념을 하여 구워 먹는다. 하와이에서는 '마히마히'라고 하며 귀한 명물 요리로 이용된다. 여름철에 가장 맛이 좋다.

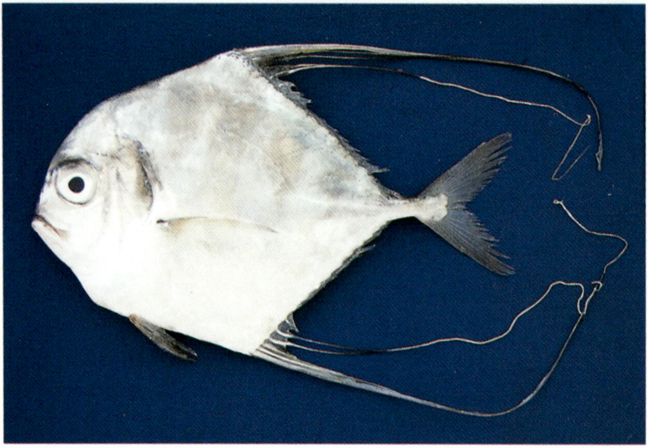

## 실전갱이 *Alectis ciliaris* (Bloch)　　　　　[전갱이과]

◆영명 / Ciliated thread fish　◆일명 / イトヒキアジ (itohiki-aji)
◆중명 / 短吻絲鰺 (duǎn-wěn-sī-shēn)

◆전장 / 1m
◆분포 / 동해와 남해, 일본 남부,
　남중국해, 서태평양, 인도양,
　홍해
◆이용 / 회, 소금구이, 조림

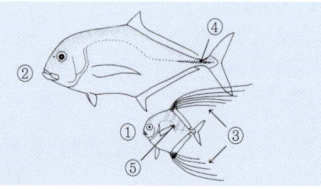

**특징⇒** ① 유어는 체고가 높지만 ② 자라면서 체고가 낮아지고 몸이 길어진다. ③ 유어의 제2등지느러미와 뒷지느러미 앞쪽 기조 다수는 실처럼 길게 연장되어 있다. ④ 미병부의 측선 위에는 8~30개의 모비늘이 있다. ⑤ 어릴 때는 몸에 4 ~5개의 가로줄 무늬가 희미하게 있고, 등은 파란색, 배는 은백색을 띤다.

**생태⇒** 유어는 표층에서 생활하지만, 어미가 되면 수심 60m 부근에서 생활한다. 대형 어종으로 육식성 어류이다.

**이용⇒** 주로 회와 구이로 이용된다.

# 노랑점무늬유전갱이
*Carangoides orthogrammus* (Jordan and Gilbert)　　　[전갱이과]

◆영명 / Yellow-spotted crevalle　◆일명 / ナンヨウカイワリ (nanyô-kaiwari)
◆중명 / 直線平鰺 (zhí-xiàn-píng-shēn)

◆전장 / 80cm
◆분포 / 경북 울릉도와 제주도, 일본 남부, 인도양, 태평양
◆이용 / 회, 소금구이, 조림

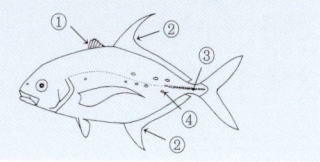

**특징**⇒ 몸은 난형이다. ① 제1등지느러미는 작고 ② 제2등지느러미와 뒷지느러미는 앞부분의 연조가 길어서 낫과 같은 모양을 이룬다. ③ 미병부의 측선 위에는 19~31개의 모비늘이 있다. 등은 회청색이고, 배는 은백색을 띤다. ④ 몸의 후반부에 노란 점무늬들이 흩어져 있다.

**생태**⇒ 연안과 수심 150m의 해역에 서식하며, 모랫바닥에 사는 갑각류와 어류를 먹는다. 많이 어획되는 종은 아니다.

**이용**⇒ 회와 구이로 이용된다.

## 줄전갱이 *Caranx sexfasciatus* Quoy and Gaimard [전갱이과]

◆영명 / Banded cavalla, Six banded jack, Dusky jack
◆일명 / ギンガメアジ(gingame-aji) ◆중명 / 六帶鰺 (liù-dài-shēn), 福鰺 (fú-shēn)

◆전장 / 90cm
◆분포 / 제주도를 포함한 남해, 일본 남부, 인도양, 서태평양
◆이용 / 회, 탕, 찜

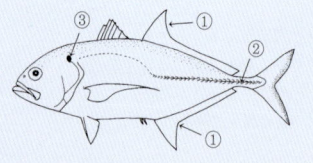

**특징**⇒ ① 제2등지느러미와 뒷지느러미는 앞부분의 연조가 길어서 낫과 같은 모양을 이룬다. ② 몸의 후반부 측선은 직선을 이루고, 그 위에는 27~36개의 모비늘이 있다. ③ 아가미뚜껑의 위 끝부분에 동공보다 작고 검은 점이 1개 있다. 등은 어두운 청록색, 배는 은백색을 띤다.

**생태**⇒ 유어는 내만에서 생활하지만 어미는 연안의 산호와 바위 주변에서 생활한다.

**이용**⇒ 회나 탕으로 이용되며, 낚시 대상 어종이다.

## 갈전갱이 *Kaiwarinus equula* (Temminck and Schlegel) [전갱이과]

◆영명 / White fin crevalle　◆일명 / カイワリ(kaiwari)
◆중명 / 高体鰺 (gāo-tǐ-shēn)

◆전장 / 30cm
◆분포 / 동해와 제주도를 포함한
　남해, 일본 남부, 인도양, 서태
　평양
◆이용 / 회, 초밥, 소금구이, 조림

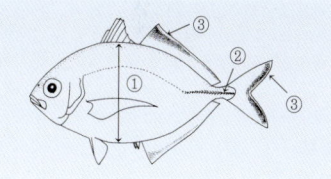

**특징⇒** 몸은 난형으로 ① 체고가 높다. ② 몸 후반부의 측선 위에 22~32개의
모비늘이 있다. 몸은 담회색이고, 등은 진한 녹청색을 띤다. 어릴 때는 몸에 10
여 개의 노란 가로줄 무늬가 뚜렷하지만 어미가 되면서 희미해진다. 각 지느러
미는 진한 노란색이나 ③ 제2등지느러미와 꼬리지느러미 뒤 가장자리는 흑갈
색을 띤다.
**생태⇒** 수심 200m 정도의 저층부에서 생활하며, 갑각류와 어류를 주로 먹는다.
**이용⇒** 몸이 단단하고 맛이 좋은 식용어이다.

## 동갈방어 *Naucrates ductor* (Linnaeus)　　[전갱이과]

◆영명 / Pilot fish　◆일명 / ブリモドキ(burimodoki)
◆중명 / 舟鰤(zhōu-shī)

◆전장 / 50cm
◆분포 / 제주도를 포함한 남해, 세계의 온대와 열대 해역
◆이용 / 소금구이, 조림

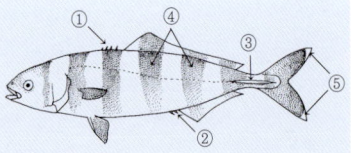

**특징⇒** ① 제1등지느러미의 극조는 매우 작고, 막이 없이 각각 분리되어 있다. ② 뒷지느러미의 가장 앞쪽 극조 2개는 매우 작고 지느러미로부터 분리되어 있다. ③ 미병부 측선 위에 융기선이 있으나, 측선 위에 방패비늘은 없다. 몸은 은회색을 띠고, ④ 6~7개의 뚜렷한 흑갈색 가로줄 무늬가 있다. ⑤ 꼬리지느러미는 흑갈색이고, 상하엽의 후단은 흰색을 띤다.

**생태⇒** 주로 외양의 표층에서 생활한다. 이 종은 상어나 기타 대형 어류와 함께 유영하면서 마치 이들을 이끌고 다니는 듯한 모습을 하기 때문에 'Pilot fish'라는 영명이 붙여졌다.

**이용⇒** 식용하지만 맛은 별로 없다.

# 잿방어 *Seriola dumerili* (Risso)

[전갱이과]

◆영명 / Amberjack, Allied kingfish  ◆일명 / カンパチ(kanpachi)

◆중명 / 高体鰤(gāo-tǐ-shī), 杜氏鰤(dù-shì-shī)

◆전장 / 1.9m
◆분포 / 동해와 제주도를 포함한
  남해, 동부 태평양을 제외한 세
  계의 온대와 열대 해역
◆이용 / 회, 소금(양념)구이, 조림

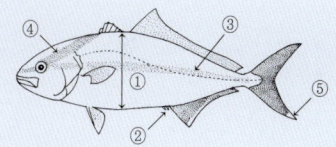

**특징**⇒ ① 방어나 부시리에 비해 체고가 약간 높은 긴 타원형이다. ② 뒷지느러미의 앞쪽 극조 2개는 매우 작고 지느러미로부터 분리되어 있다. ③ 체측에 노란색 세로줄 무늬가 주둥이에서 꼬리지느러미 앞까지 이어지고, ④ 어린 개체는 눈 위에서 머리의 등 쪽으로 너비가 넓고 검은 줄무늬가 있다. ⑤ 꼬리지느러미 하엽의 끝부분은 흰색을 띤다.

**생태**⇒ 연안의 수심 20~70m 부근에서 단독으로 혹은 무리를 이루어 생활하며, 어류와 갑각류를 먹는다.

**이용**⇒ 여름에서 가을철까지 맛이 좋다. 크고 기름이 많은 것은 회보다는 양념구이를 하는 것이 좋다.

## 부시리 *Seriola lalandi* Valenciennes　　[전갱이과]

◆영명 / Giant yellow tail ◆일명 / ヒラマサ (hiramasa)
◆중명 / 黃條鰤 (huáng-tiáo-shī), 拉氏鰤 (lā-shì-shī)

◆전장 / 1.9m
◆분포 / 동해와 제주도를 포함한 남해와 서해 남부, 세계의 온대와 아열대 해역
◆이용 / 회, 소금구이, 조림, 탕

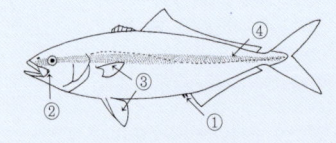

**특징**⇒ ① 뒷지느러미의 앞쪽 극조 2개는 매우 작고 지느러미로부터 분리되어 있다. ② 위턱의 모서리가 약간 둥글고, ③ 가슴지느러미는 배지느러미보다 작다. 등은 청록색이고, 배는 은백색이며, ④ 체측에는 눈을 가로질러 미병부까지 이어지는 노란색 줄무늬가 있다. 유사종으로는 방어(*S. quinqueradiata*)가 있다.
**생태**⇒ 연안 바위 지역의 중·저층에 주로 서식하고, 회유성 어류이다.
**이용**⇒ 살은 담홍색으로, 매우 탄력이 있어 방어보다 맛이 더 좋은 고급 어종이다. 횟감으로 이용하고 남은 머리와 뼈는 맛있는 국물이 나오므로 탕으로 적합하다. 여름철에 가장 맛이 좋다.

## 방어 *Seriola quinqueradiata* Temminck and Schlegel [전갱이과]

◆영명 / Yellow tail, Japanese amberjack ◆일명 / ブリ(buri)

◆중명 / 五條鰤(wǔ-tiáo-shī)

◆전장 / 1.2m
◆분포 / 동해와 제주도를 포함한 남해, 서해 남부, 북태평양 서부
◆이용 / 회, 소금구이, 조림, 탕

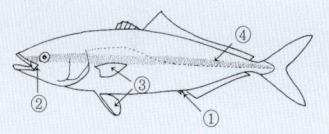

**특징**⇒ ① 뒷지느러미의 앞쪽 극조 2개는 매우 작고 지느러미로부터 분리되어 있다. ② 위턱의 모서리는 직각을 이루고, ③ 가슴지느러미와 배지느러미의 크기가 거의 비슷하다. 등은 청록색이고, 배는 은백색이다. ④ 주둥이 끝에서 시작되어 눈을 지나 꼬리지느러미 앞까지 이어지는 노란색 세로줄 무늬가 있다.

**생태**⇒ 연안의 중층과 저층에서 유영 생활을 하며, 계절적으로 회유한다. 일반적으로 가을~겨울철에 남하하고, 봄~여름철에 북상한다. 부화 후 1년에 전장 약 30cm, 4년이면 80cm 가까이 자란다.

**이용**⇒ 부시리와는 달리 겨울철이 제철이고, 기름이 적당히 올라 있는 겨울 방어의 맛이 가장 좋다.

## 낫잿방어 *Seriola rivoliana* Valenciennes [전갱이과]

◆영명 / Almaco jack, Long fin amberjack
◆일명 / ヒレナガカンパチ(hirenaga-kanpachi) ◆중명 / 畵眉鰤(shihuà-méi-shī)

◆전장 / 1.1m
◆분포 / 제주도, 세계의 온대와 열대 해역
◆이용 / 회, 소금(양념)구이, 탕, 조림

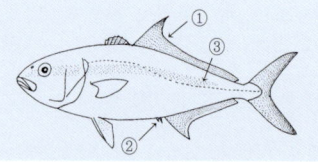

**특징**⇒ 잿방어와 형태는 비슷하나 ① 제2등지느러미가 길고 안쪽이 만입되어 있다. ② 뒷지느러미의 앞쪽 극조 2개는 매우 작고 지느러미로부터 분리되어 있다. 등은 청흑색이고, 배는 은백색을 띤다. ③ 체측에 희미한 노란색 세로줄 무늬가 주둥이에서 꼬리지느러미 앞까지 이어진다.

**생태**⇒ 연안의 중·저층에서 유영 생활을 한다.

**이용**⇒ 맛이 좋은 어종이다. 잿방어와 같은 방법으로 이용되는데, 크고 기름이 많은 것은 회보다는 양념구이를 하는 것이 좋다. 가짜 먹이로 유인하는 깊은 바다낚시의 주요 대상 어종이다.

## 매지방어 *Seriolina nigrofasciata* (Rüppell)　　　　[전갱이과]

◆영명 / Blackbanded trevally　◆일명 / アイブリ(ai-buri)

◆중명 / 黑紋若鰤(hēi-wén-ruò-shī)

◆전장 / 70cm
◆분포 / 우리 나라 전 연안, 일본, 타이완
◆이용 / 회, 소금구이, 조림

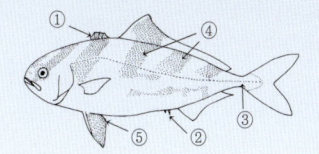

**특징**⇒ 몸은 긴 난형이다. ① 제1등지느러미는 매우 낮다. ② 뒷지느러미의 가장 앞쪽 극조 1개는 흔적만 남아 있다. ③ 미병부 양 옆에는 융기선이 약하게 솟아 있다. 몸은 연한 파란색 바탕에 ④ 6개의 너비가 넓은 흑갈색 무늬가 사선으로 나타난다. ⑤ 제1등지느러미와 배지느러미는 검은색을 띤다.

**생태**⇒ 수심 20~150m의 바위 주변에 서식한다. 방어와 부시리에 비해 드물게 어획된다.

**이용**⇒ 회, 구이로 이용된다.

# 전갱이 *Trachurus japonicus* (Temminck and Schlegel) [전갱이과]

◆영명 / Horse mackerel ◆일명 / マアジ(ma-aji)
◆중명 / 竹莢魚(zhú-laí-yú), 日本竹莢魚(rì-běn-zhú-laí-yú)

◆전장 / 40cm
◆분포 / 우리 나라 전 해역, 세계의 온대 해역
◆이용 / 회, 건어물, 소금구이, 튀김, 초밥

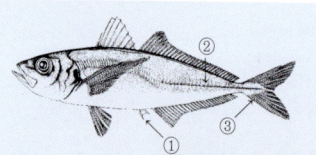

**특징**⇒ ① 뒷지느러미의 가장 앞쪽 극조 2개는 작고 지느러미로부터 분리되어 있다. ② 측선은 아가미 뒤에서 시작되어 가슴지느러미의 뒤에서 아래로 휘어져 내려와 꼬리지느러미까지 이어지고, 측선 위에는 모비늘이 있다. ③ 꼬리지느러미는 약간 검고, 나머지 지느러미는 투명하다. 등은 암청색 또는 황갈색을 띠고, 배는 은백색이다.

◉ 전갱이초밥

**생태**⇒ 연안의 중층과 저층에서 유영 생활을 하며, 어릴 때에는 동물성 플랑크톤을 먹고 어미가 되면 주로 어류를 먹는다. 부화 후 1년에 전장 15cm 이상 자라고, 3년에 30cm에 달한다.

**이용**⇒ 살도 비교적 단단하고 기름도 적당한, 맛이 좋은 어종이다.

## 민전갱이 *Uraspis helvola* (Forster)　　　[전갱이과]

◆영명 / White-tongue crevalle　◆일명 / オキアジ (oki-aji)
◆중명 / 白舌尾甲鰺 (bái-shé-wěi-jiǎ-shēn), 黑面白魚 (hēi-miàn-bái-yú)

◆전장 / 50cm
◆분포 / 제주도를 포함한 남해,
일본 남부, 남중국해, 인도양,
서태평양, 남대서양
◆이용 / 회, 소금구이, 조림

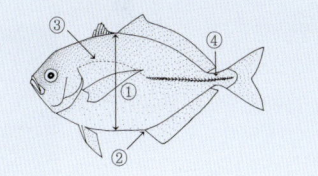

**특징**⇒ 몸은 난형으로 ① 체고가 높다. ② 뒷지느러미의 가장 앞쪽 2개의 극조
는 퇴화되어 있다. ③ 측선은 가슴지느러미 위에서 둥글게 휘어져 내려와 몸 후
반부에서 직선으로 미병부까지 이어지며, ④ 측선의 직선부 전체에 23~40개
의 강한 모비늘이 덮여 있다. 몸은 흑갈색으로 은빛 광택이 있다.

**생태**⇒ 연안이나 약간 깊은 곳의 저층부에 서식한다.

**이용**⇒ 회와 구이로 이용된다. 낚시에 걸리면 당기는 힘이 좋아, 인기 있는 낚
시 대상 어종이다.

155

## 선홍치 *Erythrocles schlegelii* (Richardson) [선홍치과]

◆영명 / Bonnetmouth ◆일명 / ハチビキ(hachibiki)

◆중명 / 諧魚(xié-yú)

◆전장 / 40cm
◆분포 / 동해 남부와 제주도를 포함한 남해, 일본, 타이완
◆이용 / 소금구이, 조림

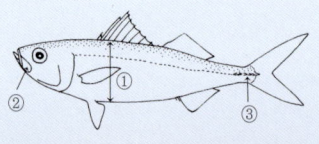

**특징⇒** 몸은 긴 방추형으로 ① 체고가 낮고 턱 부위를 제외한 몸 전체가 거친 비늘로 덮여 있다. ② 위턱의 뒤끝은 너비가 넓고, 측선공 비늘 수는 65~75개이다. ③ 미병부에 융기선이 있

◎ 양초선홍치

다. 등은 암홍색, 몸은 선홍색을 띤다. 유사종으로는 양초선홍치(*Emmelichthys struhsakeri*)가 있다.

**생태⇒** 수심 100~400m의 바위 주변에 서식하며, 동물성 먹이를 먹는다. 아열대성 어류로 제주도와 남해안에 분포하는 어종이지만, 최근에는 동해 남부(경북 포항)에서도 잡힌다.

**이용⇒** 주로 잡어로 취급되어 구이나 조림으로 이용된다.

## 물퉁돔 *Lutjanus rivulatus* (Cuvier) [통돔과]

◆영명 / Blue-spotted snapper　◆일명 / ナミフエダイ(nami-fuedai)

◆중명 / 藍点笛鯛(lán-diǎn-dí-diāo)

◆전장 / 70cm
◆분포 / 남해(경남 통영), 일본 남부, 인도양, 태평양 중부
◆이용 / 소금구이, 조림

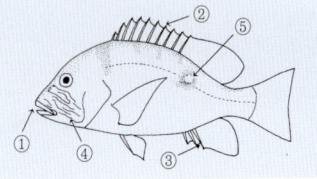

**특징**⇒ ① 입은 크고 양턱의 길이는 비슷하다. ② 등지느러미는 1개로 기조 수는 10극조 15~16연조, ③ 뒷지느러미는 3극조 8~9연조이다. ④ 머리와 주둥이, 아가미뚜껑에 너비가 좁은 파란색의 파도 줄무늬들이 밀집되어 있다. 몸은 어두운 녹갈색을 띤다. ⑤ 어린 개체는 등지느러미 연조부 아래의 측선 위에 흰 반점이 있다.

**생태**⇒ 연근해의 바위 지역에 서식하고, 바위가 많은 섬 주변에서 낚시에 걸리기도 한다.

**이용**⇒ 회로 먹어도 좋지만, 식중독의 위험이 있으므로 주의해야 한다.

## 점퉁돔 *Lutjanus russellii* (Bleeker)

[퉁돔과]

◆영명 / Russell's snapper, Finger mark bream

◆일명 / クロホシフエダイ(kurohoshi-fuedai) ◆중명 / 勒氏笛鯛(lè-shi-dí-diāo)

◆전장 / 55cm
◆분포 / 제주도, 일본 남부, 인도양, 서태평양
◆이용 / 소금구이, 조림

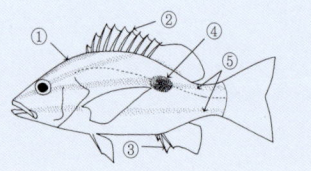

**특징**⇒ ① 등의 외곽선은 배의 외곽선보다 둥글게 솟아 있다. ② 등지느러미는 1개로 기조 수는 10극조 14~15연조, ③ 뒷지느러미는 3극조 8연조이다. ④ 등지느러미 연조부 아래에 눈보다 큰 검은 점이 있다. 가슴지느러미와 배지느러미, 뒷지느러미는 노란색을 띤다. 몸은 연한 녹갈색을 띠고, ⑤ 어릴 때에는 몸에 4개의 암갈색 세로줄이 있지만 자라면서 없어진다.

**생태**⇒ 연안의 바위와 모래 지역에 서식하고, 육식성이다.

**이용**⇒ 살은 희고 맛이 좋으며, 동남아에서는 값이 비싼 고급 어종으로 양식이 활발히 이루어지고 있다.

## 백미돔 *Lobotes surinamensis* (Bloch)  [백미돔과]

◆영명 / Triple-tail, Lumpfish ◆일명 / マツダイ(matsudai)

◆중명 / 松鯛(sōng-diāo)

◆전장 / 1m

◆분포 / 남해, 태평양, 인도양, 대
서양의 온대와 열대 해역

◆이용 / 회, 소금구이, 조림, 찜

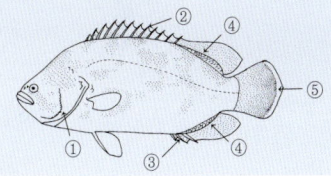

**특징⇒** ① 전새개골의 뒤 가장자리에 톱니 모양의 거치가 있다. ② 등지느러미
는 1개로 기조 수는 12극조 15~16연조, ③ 뒷지느러미는 3극조 11~12연조이
다. ④ 등지느러미의 연조부와 뒷지느러미의 기저부는 작은 비늘로 덮여 있다.
몸과 각 지느러미는 녹색과 흑갈색이 섞여 있고, ⑤ 꼬리지느러미 뒤 가장자리
는 흰색이다.

**생태⇒** 유어는 표층에서 낙엽과 같은 모습으로 의태를 하고, 어미는 연안이나
외양의 표류물 주변에 많이 서식한다.

**이용⇒** 신선한 것은 회로 먹으며, 구이와 조림, 찜 등으로 다양하게 이용된다.

## 군평선이 *Hapalogenys mucronatus* (Eydoux and Souleyet) [하스돔과]

◆영명 / Belted beard grunt ◆일명 / セトダイ(setodai)
◆중명 / 橫帶髭鯛(héng-dài-zī-diāo)

◆전장 / 45cm
◆분포 / 서해와 남해, 일본 남부,
동중국해, 타이완
◆이용 / 소금(양념)구이, 찜, 조림

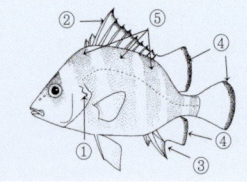

**특징**⇒ ① 새개골의 가장자리에 2개의 가시가 있다. ② 등지느러미 극조부의
제3가시가 가장 강하고 길며, 기조 수는 11극조 15연조, ③ 뒷지느러미는 3극조
9연조이다. ④ 등지느러미와 뒷지느러미, 꼬리지느러미 뒤 가장자리에 검은색
테두리가 있다. 몸은 황갈색 바탕에 ⑤ 너비가 넓은 6개의 암갈색 가로줄 무늬
가 있다.

**생태**⇒ 대륙붕의 모래·개펄 지역에 서식한다.

**이용**⇒ 맛이 좋은 어종이며, 찜과 구이로 많이 이용된다.

## 동갈돗돔 *Hapalogenys nitens* Richardson [하스돔과]

◆영명 / Skewband grunt ◆일명 / ヒゲソリダイ (higesoridai)
◆중명 / 斜帶髭鯛 (xié-dài-zī-diāo)

◆전장 / 45cm
◆분포 / 서해와 남해, 일본 남부, 동중국해
◆이용 / 회, 소금(양념)구이, 찜, 조림

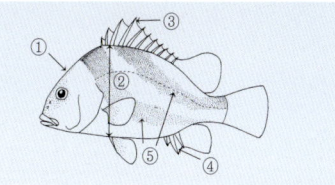

**특징**⇒ ① 주둥이에서 등지느러미에 이르는 외곽선이 경사를 이루며 ② 체고가 높다. ③ 등지느러미 기조 수는 10~11극조 15~16연조, ④ 뒷지느러미는 3극조 9연조이다. 각 지느러미는 흑갈색을 띤다. 몸은 연한 흑갈색이고, ⑤ 너비가 넓은 2개의 진한 흑갈색 줄무늬가 사선을 이루며 휘어져 내려온다.

**생태**⇒ 대륙붕의 모래·개펄 지역과 바위 주변에 서식한다.

**이용**⇒ 신선한 것은 회로 먹으며, 찜과 구이로 많이 이용된다.

## 벤자리 *Parapristipoma trilineatum* (Thunberg) [하스돔과]

◆영명 / Three line grunt ◆일명 / イサキ(isaki)

◆중명 / 三線磯鱸(sān-xiàn-jī-lú)

◆전장 / 45cm
◆분포 / 제주도를 포함한 남해,
일본 중부 이남, 남중국해
◆이용 / 회, 소금구이

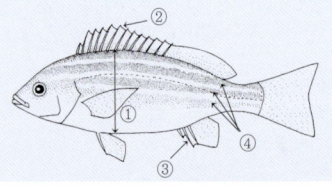

**특징**⇒ ① 몸은 체고가 낮은 방추형이다. ② 등지느러미 기조 수는 13~14극조 16~19연조, ③ 뒷지느러미는 3극조 7~9연조이다. 등은 연한 녹갈색 바탕에 배보다 진한 갈색을 띠고, ④ 3개의 연한 회갈색 세로줄이 머리부터 꼬리지느러미 앞까지 이어진다.

**생태**⇒ 얕은 바다의 해조가 많은 바위 지역에 무리를 지어 생활하고, 어릴 때에는 동물성 플랑크톤을 먹으며, 어미가 되면 갑각류와 작은 어류를 먹는다.

**이용**⇒ 살은 탄력이 있으며, 소금구이나 회로 먹으면 맛이 좋다. 조림으로는 가시가 날카롭고 단단해서 먹기가 불편하다. 6~7월의 장마철에 맛이 가장 좋다.

## 어름돔 *Plectorhinchus cinctus* (Temminck and Schlegel) [하스돔과]

◆영명 / Three-banded sweetlip　◆일명 / コショウダイ(koshôdai)

◆중명 / 花尾胡椒鯛(huā-wěi-hú-jiāo-diāo)

◆전장 / 55cm

◆분포 / 서해와 남해, 일본 남부,
　남중국해, 아라비아 해

◆이용 / 회, 소금구이, 조림, 찜

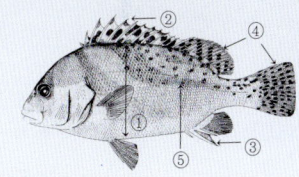

**특징**⇒ ① 몸은 체고가 높은 타원형이다. ② 등지느러미 기조 수는 12극조 15~17연조, ③ 뒷지느러미는 3극조 7~8연조이다. ④ 등지느러미와 꼬리지느러미에 검은 점들이 있다. 몸은 회청색 바탕에 ⑤ 너비가 넓은 3개의 흑갈색 줄무늬가 있다.

**생태**⇒ 어릴 때에는 해조가 많은 연안의 바위 지역에 서식하고, 어미가 되면 좀 더 깊은 곳으로 이동하며, 갑각류를 주로 먹는다.

**이용**⇒ 신선한 것은 회로 먹으며, 찜과 구이로 많이 이용된다.

## 청황돔 *Plectorhinchus pictus* (Tortonese)　　　[하스돔과]

◆영명 / Painted sweetlip, Painted grunt
◆일명 / アジアコショウダイ(ajia-koshôdai) ◆중명 / 胡椒鯛(hú-jiāo-diāo)

◆전장 / 60cm
◆분포 / 제주도를 포함한 남해,
　일본 중부 이남, 남중국해
◆이용 / 회, 소금구이, 조림

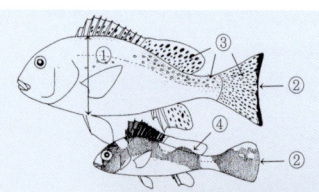

**특징**⇒ ① 몸 전반부의 체고가 높은 타원형이다.
② 꼬리지느러미 뒤 가장자리는 어릴 때는 볼록
하지만 자라면서 오목해진다. ③ 어미는 몸과 머
리, 지느러미 전체가 청회색 바탕에 작은 황갈색
점들이 밀집되어 있다. ④ 유어는 등과 등지느러
미 연조부에 황백색 무늬가 있고, 배는 연한 황
백색을 띤다.

○유어

**생태**⇒ 연안의 바위와 모래 지역에 서식한다.
**이용**⇒ 제주도 해역에서 드물게 어획되어 잡어에 섞여 있지만, 회나 구이 등으
로 해 먹으면 맛이 있다.

## 하스돔 *Pomadasys argenteus* (Forsskål) [하스돔과]

◆영명 / Silver grunt　◆일명 / ホシミゾイサキ(hoshi-mizoisaki)
◆중명 / 銀石鱸(yín-shí-lú)

◆전장 / 35cm
◆분포 / 제주도를 포함한 남해,
　일본 남부, 인도양, 서태평양
◆이용 / 회, 소금구이, 조림

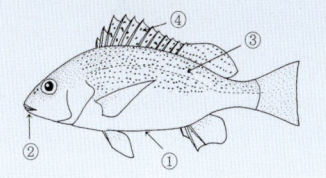

**특징**⇒ ① 배의 외곽선은 완만한 곡선을 이루고, 등의 외곽선은 배에 비해 약간 볼록하다. ② 아래턱의 아랫면에 1쌍의 작은 구멍이 있다. ③ 몸의 상반부에 작은 점들이 세로줄 무늬를 형성한다. ④ 등지느러미에 불규칙한 점들이 3줄로 배열되어 있다.

**생태**⇒ 연안이나 대륙붕 근처의 모래나 개펄 지역에 서식한다.

**이용**⇒ 대개 신선한 상태로 조리해 먹지만 소금에 절여 말려서 먹기도 한다. 회나 구이 등으로 이용된다.

## 감성돔 *Acanthopagrus schlegeli* (Bleeker) [도미과]

◆영명 / Black porgy, Black sea bream ◆일명 / クロダイ(kurodai)
◆중명 / 黑鯛(hēi-diāo), 烏格(wū-gé)

◆전장 / 60cm
◆분포 / 우리 나라 전 해역, 일본 홋카이도 이남, 타이완
◆이용 / 회, 소금구이, 조림

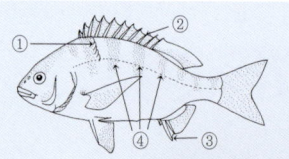

**특징⇒** ① 측선 상부 비늘열은 5.5~6.5개이다. ② 등지느러미 기조 수는 11~12극조 11연조, ③ 뒷지느러미는 3극조 8연조이다. 몸은 은청색 바탕에 ④ 윤곽이 뚜렷하지 않은 암회색 가로줄 무늬가 머리부터 미병부까지 여러 개 나타난다.

**생태⇒** 치어는 내만이나 연안의 바위 지역에 서식하고, 강 하구에도 올라오며, 요각류나 갑각류의 유생을 먹는

◑ 감성돔회

다. 성어는 갑각류와 기타 동물을 다양하게 먹으며, 해조류도 먹는 잡식성 어류이다. 암수한몸의 시기를 거쳐 수컷에서 암컷으로 성전환을 한다. 전장 40cm까지 자라는 데 약 9년이 걸린다.

**이용⇒** 살은 싱겁고 부드러우며 비린내가 강하다. 회와 구이로 이용되며, 주요 낚시 대상 어종이다.

## 황돔 *Dentex tumifrons* (Temminck and Schlegel)　　　[도미과]

◆영명 / Yellow porgy, Golden tail ◆일명 / キダイ(kidai)
◆중명 / 黃鯛(huáng-diāo), 連子鯛(lián-zǐ-diāo)

◆전장 / 40cm
◆분포 / 제주도를 포함한 남해,
　일본 남부, 동중국해, 타이완
◆이용 / 소금구이, 조림

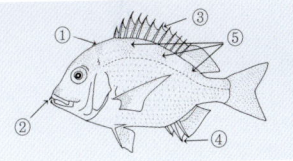

**특징**⇒ ① 배의 외곽선에 비해 등 쪽은 약간 높게 솟아 있고, ② 양턱에 일렬의 강한 원추형 이가 있다. ③ 등지느러미 기조 수는 12극조 10연조, ④ 뒷지느러미는 3극조 8연조이다. 몸은 황적색 바탕에 ⑤ 등에 윤곽이 불분명한 3~4개의 노란색 구름무늬가 있으며, 주둥이는 노란색을 띤다.

**생태**⇒ 연안에 서식하고, 갑각류나 작은 동물을 먹는다. 암수한몸의 시기를 거쳐 수컷에서 암컷으로 성전환을 한다.

**이용**⇒ 살은 희며, 수분이 적지만 기름기가 많아서 구이로 먹으면 맛이 있다. 봄철에 고기맛이 가장 좋다.

## 참돔 *Pagrus major* (Temminck and Schlegel) [도미과]

◆영명 / Genuine porgy, Red sea bream ◆일명 / マダイ(madai)
◆중명 / 眞鯛(zhēn-diāo), 加吉魚(jiā-jí-yú)

◆전장 / 1m
◆분포 / 우리 나라 전 해역, 일본
홋카이도 이남, 타이완, 남중국해
◆이용 / 회, 구이, 조림, 건어물,
찜, 찌개

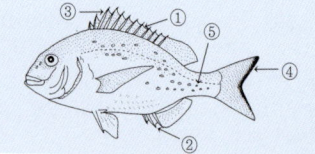

**특징**⇒ ① 등지느러미 기조 수는 12극조 10연조, ② 뒷지느러미는 3극조 8연조이다. ③ 등지느러미의 제3, 4극조의 길이는 두장보다 훨씬 짧다. ④ 꼬리지느러미 뒤 가장자리는 검은색을 띤다. 몸은 적갈색 바탕에 배는 은백색을 띠고, ⑤ 살아 있을 때 눈 위와 몸 상반부에 금속성 광택을 내는 파란색 반점들이 나타난다. **생태**⇒ 유어기에는 연안 얕은 곳에서 생활하다가 2~3년 자란 뒤에 수심 30~200m인 곳으로 이동한다. 산란기인 5~6월에 다시 얕은 곳으로 이동하며, 부화 후 1년 만에 전장 10cm 이상 자라고, 40cm 이상 자라는 데 약 8년이 걸린다. **이용**⇒ 살은 단백질이 풍부하고 지방이 적어 담백하며, 회는 물론 초밥, 구이, 찜, 찌개, 조림, 건어물 등 어떤 음식으로 해 먹어도 맛이 있다. 주요 낚시 대상 어종이다.

### ❖ 참돔

넙치(광어), 조피볼락(우럭)과 함께 우리 나라의 횟집에서 가장 많이 취급되는 물고기로 꼽히는 도미는 일반적으로 참돔을 말한다. 참돔은 핑크빛을 띤 붉은색 바탕에 코발트빛을 발하는 파란 반점들이 흩어져 있는 아름다운 물고기이다.

⊙ 참돔회

몸의 붉은빛은 참돔의 주요 먹이인 새우나 게에 들어 있는 아스타크산틴이라는 색소에 의한 것이며, 새우와 게의 섭취량이 적은 양식산은 자연산에 비해 몸이 전체적으로 어두운 빛을 띤다.

자연산 참돔은 두 개의 콧구멍이 뚜렷하게 분리되어 있지만, 양식산은 두 개의 콧구멍이 이어져, 마치 한 개의 콧구멍을 가진 것처럼 보인다. 또, 자연산은 근육 조직이 단단하므로 죽은 뒤 하루 정도 숙성시켜서 먹으면 더욱 맛이 있지만, 양식 참돔은 죽은 뒤 반나절이 지나면 감칠맛이 현저히 떨어지므로, 양식산을 회로 먹을 때에는 바로 먹는 것이 좋다.

산란 전인 겨울에서 봄에 이르는 시기에 맛이 있고, 산란한 후에는 맛이 떨어진다. 일본에서는 산란 전인, 벚꽃이 피는 계절의 참돔을 가장 맛이 좋은 것으로 취급하여 이 무렵의 참돔을 '사쿠라다이'라고 하며, 산란 뒤인 보리철에 맛이 떨어진 참돔을 '무기다이(보리도미)'라고 하기도 한다.

참돔은 머리가 크기 때문에 머리에도 먹을 것이 많고, 눈 주변과 뺨의 살은 오히려 몸의 살보다 맛이 좋다. 또, 머리에서는 맛있는 국물이 우러나므로 머리로 전골을 만들어 먹어도 좋다. 참돔은 먹는 먹이의 종류에 따라 육질과 맛이 다르므로 잡힌 장소에 따라서도 역시 맛이 달라진다. 우리 나라의 서해와 남해안에서 낚시어로도 인기가 있는 어종이며, 주낙이나 정치망, 저인망 등으로 많이 잡는다.

# 붉돔 *Evynnis japonica* Tanaka [도미과]

◆영명 / Crimson sea bream, Porgy ◆일명 / チダイ(chidai)
◆중명 / 犁齒鯛(lí-chǐ-diāo)

◆전장 / 45cm
◆분포 / 동해와 남해, 일본 홋카이도 이남, 동중국해
◆이용 / 회, 소금구이, 조림, 찌개

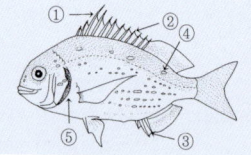

**특징**⇒ 몸은 약간 긴 타원형이다. ① 등지느러미의 제3, 4극조는 매우 길어서 그 길이가 두장과 비슷하다. ② 등지느러미 기조 수는 12극조 10연조, ③ 뒷지느러미는 3극조 9연조이다. 몸은 황적색을 띠고, ④ 몸 상반부에 금속성 광택을 내는 파란색 반점들이 불규칙하게 흩어져 있다. ⑤ 아가미막은 선홍색을 띤다. 유사종으로는 참돔(*Pagrus major*)이 있다.

**생태**⇒ 약간 깊은 바다의 바위 지역에 서식하며, 산란기는 가을철이다.

**이용**⇒ 참돔에 비해 맛은 덜하지만, 산란 후 참돔의 맛이 떨어진 여름철에는 오히려 그 맛이 참돔을 앞선다. 회와 구이, 찌개로 이용되지만, 그 이용 가치는 참돔에 미치지 못한다.

## 구갈돔 *Lethrinus haematopterus* Temminck and Schlegel　[갈돔과]

◆영명 / Red collared emperor　◆일명 / フエフキダイ(fuefukidai)
◆중명 / 紅鰭裸頰鯛(hóng-qí-luǒ-jiá-diāo)

◆전장 / 80cm
◆분포 / 동해 남부와 제주도를
　포함한 남해, 일본 남부, 남중
　국해, 서태평양
◆이용 / 회, 소금구이, 조림

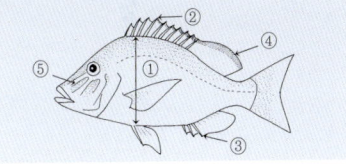

**특징**⇒ ① 갈돔과 어류 가운데서는 체고가 높은 타원형으로, 체고가 두장보다 훨씬 높다. ② 등지느러미의 제3, 4극조가 가장 길고, 등지느러미 기조 수는 10극조 9연조, ③ 뒷지느러미는 3극조 8연조이다. ④ 등지느러미 가장자리는 적홍색을 띤다. 몸은 붉은색을 띤 연한 녹갈색이고, ⑤ 눈 앞쪽에 연한 파란색 줄무늬가 여러 개 있다.

**생태**⇒ 연근해의 바위 지역에 서식한다.

**이용**⇒ 살은 희며, 맛이 좋은 어종이다. 타이완에서는 대량으로 어획하여 건어물로 이용한다.

# 갈돔 *Lethrinus nebulosus* (Forsskål)  [갈돔과]

- ◆영명 / Blue emperor, Green snapper, Spangled emperor
- ◆일명 / ハマフエフキ(hama-fuefuki) ◆중명 / 星斑裸頬鯛(xīng-bān-luǒ-jiá-diāo)

- ◆전장 / 90cm
- ◆분포 / 제주도를 포함한 남해, 일본 중부 이남, 인도양, 서태평양
- ◆이용 / 회, 소금구이, 튀김, 조림

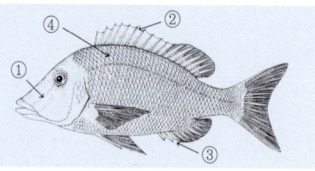

**특징**⇒ ① 눈 아래의 안전골은 너비가 넓어서 눈 지름의 3배 이상이다. ② 등지느러미 기조 수는 10극조 9연조, ③ 뒷지느러미는 3극조 8연조이다. ④ 측선상부 비늘열은 6개이다. 몸은 녹갈색이고, 눈 아래쪽으로 2~3개의 청백색 줄무늬가 방사상으로 나타난다.

**생태**⇒ 연안의 바위와 산호초 주변에서 유영 생활을 한다. 암컷에서 수컷으로 성전환을 하는 것으로 알려져 있으며, 수명은 20년 이상이다. 갯지렁이와 조개류, 갑각류 등 작은 저서 동물을 주로 먹는다.

**이용**⇒ 갈돔과 어류 가운데 가장 맛이 좋고, 싱싱할 때 회로 먹으면 별미이다.

## 실꼬리돔 *Nemipterus virgatus* (Houttuyn)　　　　[실꼬리돔과]

◆영명 / Golden thread　◆일명 / イトヨリダイ(itoyoridai)
◆중명 / 金線魚(jīn-xiàn-yú)

◆전장 / 40cm
◆분포 / 동해 남부와 제주도, 일
본 남부, 타이완, 오스트레일리
아 북부
◆이용 / 찜, 조림

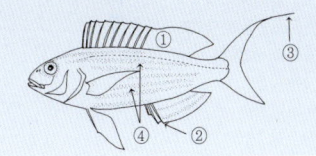

**특징**⇒ ① 등지느러미는 1개로 아가미구멍 위에서 시작되어 몸의 후반부까지 길게 이어지고, 기조 수는 10극조 9연조이다. ② 뒷지느러미 기조 수는 3극조 8연조이고, ③ 꼬리지느러미 가장 위쪽의 기조가 실 모양으로 길게 연장되어 있다. 몸은 선홍색 바탕에 ④ 노란 세로줄이 여러 개 있으며, 측선 바로 아래의 줄무늬가 가장 선명하다.

**생태**⇒ 따뜻한 바다의 수심 40~250m의 모래 · 개펄 지역에 서식하며, 동물성 플랑크톤을 먹는다. 산란기는 5~6월이다.

**이용**⇒ 비린내가 나지 않는 흰살 생선으로, 가을에서 겨울 사이에 맛이 가장 좋다.

## 보구치 *Pennahia argentata* (Houttuyn) [민어과]

◆영명 / White croaker, Silver jewfish ◆일명 / シログチ(shiroguchi)
◆중명 / 白姑魚(bái-gū-yú), 白米子(bái-mǐ-zǐ)

◆전장 / 50cm
◆분포 / 동해 남부와 서해, 제주
도를 포함한 남해, 일본 남부,
동중국해
◆이용 / 회, 소금구이, 찜, 조림

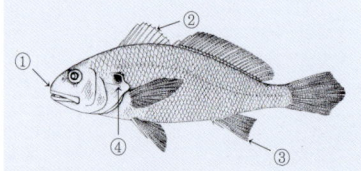

**특징**⇒ ① 주둥이 끝은 약간 둥글고, 위턱과 아래턱의 길이는 비슷하다. ② 등지느러미 기조 수는 10~11극조 25~28연조, ③ 뒷지느러미는 2극조 7~8연조이다. ④ 아가미뚜껑에 크고 검은 반점이 1개 있다. 등은 회갈색이고, 배는 은백색이다.

**생태**⇒ 수심 20~140m의 모래·개펄 지역의 저층부에 서식하며, 5~8월에 서해안에서 산란한다.

**이용**⇒ 굴비 못지않게 맛도 좋다. 회, 소금구이, 조림 등 어떤 형태로 조리해 먹어도 맛이 좋다. 서해안에서 주요 낚시 대상 어종이다.

## ❖ 백조기로 더 잘 알려진 보구치

여름이 지나가고 수온이 떨어지기 시작하는 가을이 되면, 서해 연안의 어느 곳에서나 낚시로 쉽게 잡을 수 있는 물고기가 바로 보구치이다. 분류학적으로 참조기와 같은 과에 속하는 보구치는 보통 '백조기' 또는 '흰조기'라는 방언으로 더 많이 불린다.

보구치는 배를 띄워 낚시를 해서 낚는 재미가 있다. 바닥이 모래와 개펄인 바다에 배를 띄우고, 미끼가 바닥에 닿을락말락하게 낚싯대를 드리우면, 이 때 잡히는 보구치는 정교한 기술이나 복잡한 장비가 아니더라도

◉ **보구치**(사진 제공/월간 낚시)

누구나 쉽게 낚을 수 있다. 어린이나 초보자도 쉽게 낚아 올릴 수 있는데, 이것은 먹이를 가리지 않는 보구치의 습성 때문이다.

민어과 어류 가운데 맛이 으뜸인 참조기는 '굴비'라고 불리며, 우리나라에서 예부터 귀한 어종으로 여겨져 왔으나 보구치 또한 이에 못지 않게 맛이 좋다.

산란기가 되면 해저에서 무리를 지어 '구-구' 하고 소리를 내는데, 성대와 마찬가지로 체내에 있는 부레를 이용해서 내는 소리이다. 배 위에 있으면 마치 개구리 울음처럼 들리며, 일몰 전후에 더 크게 들린다. 소리는 공기 중에서보다 물 속에서 더 잘 전달되며, 이들이 소리를 내는 이유는 번식을 위한 전달 수단으로 생각된다.

보구치를 비롯한 민어과 어류의 부레는 질겨서 옛날에는 접착제, 즉 아교의 원료로 사용되기도 했으며, 부레를 말려서 중국 요리의 재료로도 이용하였다. 또, 민어과 어류의 부레는 겉모양이 매우 복잡하고 종마다 형태가 달라서 종을 구분하는 데 이용하기도 한다.

## 황강달이 *Collichthys lucidus* (Richardson)　　　[민어과]

◆영명 / Croaker　◆일명 / カンダリ(kandari)
◆중명 / 棘頭梅童魚(jí-tóu-méi-tóng-yú)

◆전장 / 20cm
◆분포 / 서해와 남해, 서해에서
　남중국해에 이르는 해역
◆이용 / 소금구이, 탕, 젓갈, 어묵

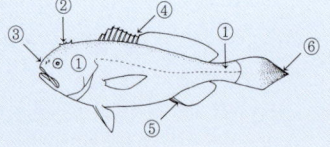

**특징⇒** ① 머리가 크고 미병부는 매우 가늘다. ② 후두부에 왕관 모양의 골질돌기가 있고, 돌기 가장자리에 1~3개의 작은 가시가 있다. ③ 주둥이 앞의 외곽선은 반달 모양으로 둥글며, 아래턱이 위턱보다 약간 길다. ④ 등지느러미 기조수는 9극조 24~29연조, ⑤ 뒷지느러미는 2극조 11~13연조이다. ⑥ 꼬리지느러미 뒤 가장자리는 검은색을 띠고, 몸 전체는 노란색을 띤다. 유사종으로는 눈강달이(*C. niveatus*)가 있다.

**생태⇒** 큰 강의 하구와 내만, 또는 수심 90m 미만의 연안에 서식하고, 5~6월에 산란한다.

**이용⇒** 소형 어종으로, 민어과의 다른 어종에 비해 상품 가치는 떨어지는 편이나 매운탕이나 젓갈의 재료로 이용된다.

# 민어 *Miichthys miiuy* (Basilewsky)　　　　　[민어과]

◆영명 / Brown croaker　◆일명 / ホンニベ(hon-nibe)
◆중명 / 鮸(miǎn), 鰵鮸(mǐn-miǎn)

◆전장 / 70cm
◆분포 / 서해와 남해, 일본 서남
　부, 남중국해
◆이용 / 건어물, 소금(양념)구이, 찜

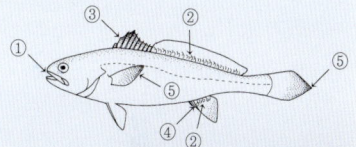

**특징**⇒ ① 주둥이 끝은 둥글고 위턱과 아래턱의 길이는 비슷하다. ② 등지느러미와 뒷지느러미의 기저부 약 1/3~1/2은 작은 비늘로 덮여 있다. ③ 등지느러미 기조 수는 9~10극조 28~31연조, ④ 뒷지느러미는 2극조 7~8연조이고, 제2극조는 눈 지름보다 길다. ⑤ 등지느러미와 가슴지느러미 후반부, 꼬리지느러미의 가장자리는 검은색을 띤다.

❂ 건어물

**생태**⇒ 수심 15~100m의 바닥이 개펄 지역인 저층부에 서식하며, 산란기는 9~10월이다.

**이용**⇒ 민어과 어류 가운데서는 대형 어종으로 살이 많으며, 내장을 발라 내어 말린 다음 구이와 찜으로 이용된다.

177

## 수조기 *Nibea albiflora* (Richardson)　　　[민어과]

◆영명 / Yellow drum　◆일명 / コイチ(koichi)

◆중명 / 黃姑魚(huáng-gū-yú), 條花黃姑魚(tiáo-huā-huáng-gū-yú)

◆전장 / 45cm

◆분포 / 서해와 남해, 일본 남부,
남중국해

◆이용 / 건어물, 소금(양념)구이,
찜, 탕

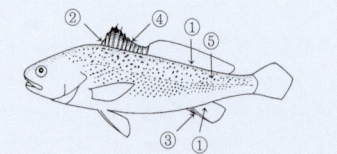

**특징**⇒ ① 등지느러미와 뒷지느러미 연조부의 기저부는 비늘로 덮여 있지 않다. ② 등지느러미 기조 수는 11~12극조 27~31연조, ③ 뒷지느러미는 2극조 7~8연조이다. ④ 등지느러미 극조부의 가장자리는 검은색을 띤다. ⑤ 측선 위쪽 검은 점들은 불규칙하게 흩어져 있다. 몸은 연한 황갈색이고, 배는 노란색이 진하다. 유사종으로는 동갈민어(*N. mitsukurii*)가 있다.

**생태**⇒ 수심 20~80m의 개펄·모래 지역의 저층부에 서식하며, 산란기는 4~7월이다. 참조기와 보구치에 비해 잡히는 양이 적다.

**이용**⇒ 주로 구이와 찜으로 이용되며, 서해안에서 낚시 대상 어종이다.

## 부세 *Larimichthys crocea* (Richardson) [민어과]

◆영명 / Large yellow croaker ◆일명 / フウセイ (fusei)
◆중명 / 大黃魚 (dà-huáng-yú)

◆전장 / 50cm
◆분포 / 서해와 남해 서부, 중국해
◆이용 / 건어물, 소금구이, 찜, 탕

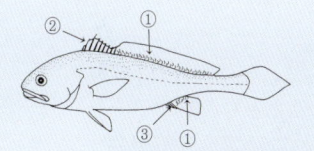

**특징⇒** ① 등지느러미 연조부와 뒷지느러미의 기저는 작은 비늘로 덮여 있다. ② 등지느러미 기조 수는 8~9극조 30~34연조이다. ③ 뒷지느러미는 2극조 7~9연조이고 둘째 번 극조 길이는 눈 지름보다 길다. 각 지느러미는 노란색을 띤다. 등은 회황색이고, 배는 황백색이다. 유사종인 참조기(*L. polyactis*)에 비해 주둥이 끝이 약간 둥글다.

**생태⇒** 수심 120m 미만의 모래·개펄 지역에 서식한다.
**이용⇒** 건어물로 주로 이용하지만, 맛은 참조기에 비해 떨어진다.

179

## 참조기 *Larimichthys polyactis* Bleeker [민어과]

◆영명 / Yellow croaker　◆일명 / キグチ(kiguchi)
◆중명 / 小黃魚(xiǎo-huáng-yú)

◆전장 / 40cm
◆분포 / 동해 남부, 서해와 남해,
　일본 서부, 동중국해
◆이용 / 건어물, 소금구이, 찜, 탕

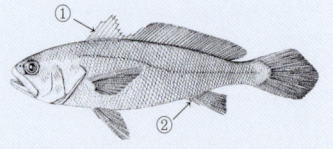

**특징⇒** ① 등지느러미 기조 수는 9~11극조 31~36연조이다. ② 뒷지느러미는 2극조 9~10연조이고, 둘째 번 극조 길이는 눈 지름보다 짧다. 몸은 황갈색, 배는 진한 노란색을 띤다. 모든 지느러미는 연한 노란색을 띤다.

**생태⇒** 수심 120m 미만의 모래ㆍ개펄 지역의 저층부에 서식하고, 플랑크톤을 주로 먹는다. 산란기는 3~6월이다.

**이용⇒** 참조기를 말려 만든 굴비는, 초봄의 전남 영광군 법성포산 오가재비 굴비가 가장 굵고 맛이 좋은 것으로 알려져 있다. 인천 연평도에서 서해의 끝인 전남 가거도에 이르기까지 조기잡이는 우리 나라 서해안의 주요 어업이다.

## ❖ 참조기와 부세

천장에 굴비를 달아 놓고, 밥 한 술 먹을 때마다 반찬 대신 굴비를 쳐다보았다는 이야기가 있다. 지독한 구두쇠를 비유할 때 하는 말인데, 그만큼 굴비가 맛이 있고 귀하다는 데서 유래된 말이다.

❀ 참조기구이

참조기는 예부터 식용으로 이용되어 붙여진 방언도 매우 많은데, 예를 들어 '황조기, 오가재비(다섯 사리에 잡힌, 알이 찬 조기로서 굴비를 만드는 데 일품), 등태기(등을 따서 절인 조기), 뱃태기(배를 갈라서 절인 조기)' 등이 모두 참조기의 이용 방법에 따라 붙여진 이름들이다.

중국에서는 참조기와 부세의 머릿속에 있는 이석을 '어뇌석(魚腦石)'이라 하여 약재로 이용한다. 「중국동물약」에 소개된 어뇌석에 대한 약재로의 이용법은 다음과 같다.

대개 5~6월에 잡힌 참조기나 부세를 건조하기 위해 가공할 때 머릿속의 큰 이석을 꺼내어 씻은 다음 햇볕에 말린다. 이석은 대개 칼슘 성분으로 되어 있으며, 단단하고 불순물이 없는 것이 좋다. 햇볕에 말린 이석을 냄비에 넣고 센불에 터지는 소리가 날 때까지 구운 다음 꺼내어 식힌다. 비염 치료를 위해서는 구운 어뇌석을 곱게 가루를 내어 하루 1~3회 적당량을 콧속에 넣으며, 중이염 치료를 위해서는 구운 어뇌석 25g을 참기름과 반죽하여 하루 1~2회 귓속에 넣는다. 또, 요로 결석에도 효과가 있는데, 이에 대한 치료를 위해서는 이석 가루 약 5g씩을 감초 15g을 넣고 달인 물에 타서 1일 2회 복용한다.

한편, 중국에서는 참조기와 부세를 건조한 제품을 '황어상'이라고 하며, 「식료본초」와 「본초강목」에는 "흥분하여 기절하는 증상을 치료한다."고 기록되었고, 임상에서는 인체의 기능이 지나치게 소모되었거나 불완전하여 초래되는 저단백 질환에 대해서 영양제로 사용할 수 있는 것으로 되어 있다.

❂ 조기잡이를 준비하는 어민들(전남 가거도)

## 금줄촉수 *Parupeneus ciliatus* Lacepède [촉수과]

◆영명 / Diamond-scaled goatfish, Black saddle goatfish

◆일명 / ホウライヒメジ (hôrai-himeji) ◆중명 / 縱帶副緋鯉 (zòng-dài-fù-fēi-lǐ)

◆전장 / 40cm
◆분포 / 제주도, 일본 남부, 인도양
◆이용 / 소금(양념)구이, 조림

**특징**⇒ ① 아래턱에 노란색 수염이 1쌍 있다. ② 제1등지느러미 기조 수는 8극조, ③ 제2등지느러미는 1극조 9연조, ④ 뒷지느러미는 1극조 7연조이다. 몸 색깔은 변화가 심하고, 등에는 녹갈색 바탕에 ⑤ 눈 앞에서 등지느러미 연조부까지 2개의 연한 황백색 세로줄 무늬가 있다. ⑥ 미병부의 암갈색 반점은 측선의 약간 아래까지 이어진다.

**생태**⇒ 연안 얕은 곳의 산호초와 해조류가 많은 곳에 서식한다.

**이용**⇒ 담백한 흰살 생선으로, 회로 먹기보다는 통째로 요리하거나 주로 소금구이로 먹는다.

## 점촉수 *Parupeneus heptacanthus* (Lacepède) [촉수과]

◆영명 / Barface goatfish ◆일명 / タカサゴヒメジ(takasago-himeji)
◆중명 / 紅点海鯡鯉(hóng-diǎn-hǎi-fēi-lǐ)

◆전장 / 35cm
◆분포 / 제주도, 일본 남부, 인도양, 태평양
◆이용 / 소금(양념)구이, 조림

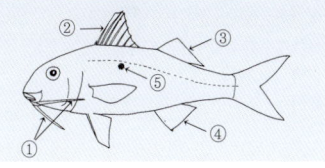

**특징⇒** ① 아래턱에 육질의 수염이 1쌍 있으며, 그 끝은 전새개골의 후단에 이르거나 후단을 약간 지난다. ② 제1등지느러미 기조 수는 8극조, ③ 제2등지느러미는 1극조 9연조, ④ 뒷지느러미는 1극조 7연조이다. ⑤ 등지느러미 극조부의 아래에 눈 크기의 암적색 반점이 있다. 등은 황적색이고, 배는 담색이다.

**생태⇒** 수심 60m 미만의 해조류가 많은 곳이나 모래 지역에 서식하며, 단독으로 생활하거나 10마리 미만이 무리를 지어서 생활한다.

**이용⇒** 잡어로 취급되며, 통째로 구워 먹는다.

## 오점촉수 *Parupeneus multifasciatus* (Quoy and Gaimard) [촉수과]

◆영명 / Banded goatfish, Five-barred goatfish ◆일명 / オジサン(ojisan)
◆중명 / 多帶海副鯡鯉(duō-dài-hǎi-fù-fēi-lǐ)

◆전장 / 30cm
◆분포 / 제주도, 일본 남부, 인도양, 서태평양
◆이용 / 소금(양념)구이, 조림

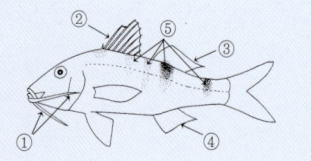

**특징**⇒ ① 아래턱에 흰색 또는 노란색의 긴 수염이 1쌍 있으며, 그 끝은 아가미 구멍의 바로 앞에 이른다. ② 제1등지느러미 기조 수는 8극조, ③ 제2등지느러미는 1극조 9연조, ④ 뒷지느러미는 1극조 7연조이다. 몸 색깔은 변화가 많고 붉은색 또는 연한 갈색을 띠며, ⑤ 체측에 5개의 너비가 넓은 암갈색 또는 흑갈색 가로무늬가 있다.

**생태**⇒ 수심 140m 미만의 산호초 지역과 모래・바위 지역에 서식한다.

**이용**⇒ 잡어로 취급되며, 통째로 구워 먹는다.

## 큰점촉수 *Parupeneus pleurostigma* (Bennett) [촉수과]

- ◆영명 / Round spot goatfish, Black spot goatfish
- ◆일명 / リュウキュウヒメジ(ryukyu-himeji) ◆중명 / 黑斑副鯡鯉(hēi-bān-fù-fēi-lǐ)

- ◆전장 / 35cm
- ◆분포 / 제주도, 일본 남부, 인도양, 서태평양
- ◆이용 / 소금(양념)구이, 조림

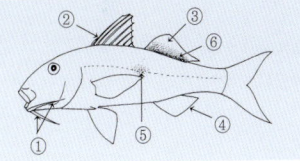

**특징**⇒ ① 아래턱에 육질의 수염이 1쌍 있고, 그 끝은 전새개골의 후단을 지난다. ② 제1등지느러미 기조 수는 8극조, ③ 제2등지느러미는 1극조 8연조, ④ 뒷지느러미는 1극조 8연조이다. ⑤ 등지느러미의 극조부와 연조부 사이의 아래쪽 측선 부위에 검은 반점이 있다. ⑥ 제2등지느러미 기저부는 흑갈색을 띤다. 몸은 황적색이다.

**생태**⇒ 산호초와 해조류가 많은 모래와 바위 지역에 서식하고, 수염을 이용하여 저서성 소형 동물을 찾아 먹는다.

**이용**⇒ 잡어로 취급되며, 통째로 구워 먹는다.

## 두줄촉수 *Parupeneus spilurus* (Bleeker)

[촉수과]

- ◆영명 / Japanese goatfish ◆일명 / オキナヒメジ (okina-himeji)
- ◆중명 / 黃帶副鯡鯉 (huáng-dài-fù-fēi-lǐ)

- ◆전장 / 50cm
- ◆분포 / 제주도, 일본 남부, 필리핀
- ◆이용 / 소금(양념)구이, 조림

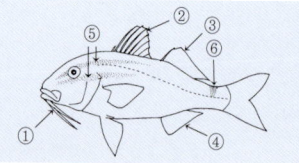

**특징⇒** ① 아래턱에 육질의 수염이 1쌍 있다. ② 제1등지느러미 기조 수는 8극조, ③ 제2등지느러미는 1극조 9연조, ④ 뒷지느러미는 1극조 7연조이다. 몸은 황적색을 띠고, ⑤ 주둥이에서 체측 중앙부까지 3개의 흑갈색 세로줄 무늬가 있다. '금줄촉수'와 형태적으로 비슷하지만 ⑥ 미병부의 흑갈색 반점이 측선 아래까지 이어지지 않는 점이 다르다.

**생태⇒** 연안 얕은 곳의 바위 지역에 서식한다.

**이용⇒** 잡어로 취급되며, 통째로 구워 먹는다.

# 육동가리돔 *Evistias acutirostris* (Temminck and Schlegel) [황줄돔과]

◆영명 / Banded boarhead ◆일명 / テングダイ (tengudai)

◆중명 / 尖吻强鳍魚 (jiān-wěn-qiáng-qí-yú)

◆전장 / 50cm

◆분포 / 제주도를 포함한 남해,
일본 남부, 하와이, 뉴질랜드

◆이용 / 소금구이, 조림

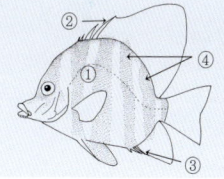

**특징**⇒ ① 배 쪽에 비해 등 쪽 외곽선이 높게 솟아 있어 몸은 거의 삼각형을 이룬다. ② 등지느러미는 4극조 26~29연조이며, 극조가 매우 짧아서 제4극조의 길이는 바로 뒤에 인접한 연조 길이의 1/4~1/3 정도이다. ③ 뒷지느러미는 3극조 13연조이고, 가장 긴 제2극조의 길이가 첫째 번 연조 길이의 1/2 미만이다. 몸은 연한 황갈색을 띠고, ④ 체측에 5~6개의 너비가 넓은 가로줄 무늬가 있다.

**생태**⇒ 수심 40~250m의 바위와 모래 지역에 서식한다.

**이용**⇒ 흰살 생선으로, 맛은 좋으나 몸이 납작하여 살은 많지 않다.

## 황줄돔 *Histiopterus typus* Temminck and Schlegel [황줄돔과]

◆영명 / Sailfin boarhead ◆일명 / カワビシャ(kawabisha)

◆중명 / 帆鰭魚(fān-qí-yú)

◆전장 / 40cm
◆분포 / 서해와 제주도를 포함한 남해,
일본 남부, 남중국해, 홍해, 남아프리카
◆이용 / 소금구이, 조림

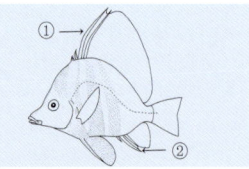

**특징⇒** 형태적으로 '육동가리돔' 과 비슷하지만, 등지느러미 제3,4극조와 뒷지느러미 2극조의 길이가 길어서 두 종이 구분된다. ① 등지느러미 기조 수는 4극조 27~28연조이고, 제3,4극조의 길이는 바로 뒤에 인접한 연조의 길이와 비슷하다. ② 뒷지느러미는 3극조 10연조이며, 제2극조는 크고 강하다. 몸은 연한 회갈색이고, 4개의 가로줄 무늬가 있으며, 어미가 되면 희미해진다.

**생태⇒** 수심 40~400m 정도의 바위 지역에 서식한다.

**이용⇒** 몸이 납작하여 살은 많지 않으며, 구이와 조림으로 이용된다.

# 긴꼬리벵에돔 *Girella melanichthys* (Richardson)　　[황줄감정이과]

◆영명 / Small scale blackfish　◆일명 / クロメジナ(kuro-mejina)

◆중명 / 黑帶魤魚(hēi-dài-jǐ-yú)

◆전장 / 70cm

◆분포 / 제주도를 포함한 남해,
일본 남부, 동중국해

◆이용 / 회, 조림, 튀김

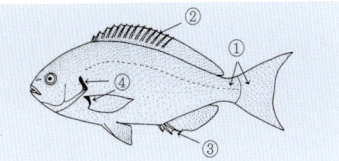

**특징**⇨ ① 미병부와 꼬리지느러미가 길다. ② 등지느러미 기조 수는 14극조 14
연조, ③ 뒷지느러미는 3극조 13연조이다. ④ 아가미뚜껑 뒤 가장자리와 가슴
지느러미 기부는 검은색을 띤다. 등은 녹갈색이고, 배는 은백색이다. 유사종으
로는 벵에돔(*G. punctata*)이 있다.

**생태**⇨ 유어는 내만에서 주로 서식하지만, 자라면서 외해로 이동한다. 산란기
는 11~12월이다.

**이용**⇨ 제주도와 남해안에서의 주요 낚시 대상 어종이며, 겨울철에 가장 맛이
좋으나 벵에돔보다는 맛이 약간 떨어진다. 그러나 벵에돔에 비해 낚싯줄을 당
기는 힘이 세기 때문에 낚시꾼들에게는 더 인기가 있다.

## 벵에돔 *Girella punctata* Gray　　　　　[황줄깜정이과]

◆영명 / Large scale blackfish　◆일명 / メジナ(mejina)
◆중명 / 鮪魚(jǐ-yú)

◆전장 / 60cm
◆분포 / 동해와 제주도를 포함한
　남해, 일본 홋카이도 이남, 타
　이완, 동중국해
◆이용 / 회, 조림, 튀김

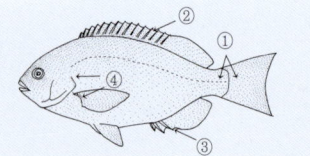

**특징**⇒ ① 미병부와 꼬리지느러미는 '긴꼬리벵에돔'에 비해 짧다. ② 등지느러미 기조 수는 14~15극조 13~14연조, ③ 뒷지느러미는 3극조 12연조이다. ④ 각 아가미뚜껑 뒤 가장자리와 가슴지느러미 기부는 검은색을 띠지 않는다. 등은 녹갈색이고, 배는 은백색이다.

**생태**⇒ 연안의 바위 지역에 서식하고, 어린 것들은 조수 웅덩이에서 무리를 지어 생활하며, 주로 작은 동물이나 해조류를 먹는다. 산란기는 2~6월이다.

**이용**⇒ 겨울철에는 비린내가 없으며, 앞바다에 서식하는 것보다 갯바위 주변에 사는 것이 기름이 더 올라 맛이 좋다. 갓 잡은 것은 바로 내장을 꺼내도록 한다. 주요 낚시 대상 어종이다.

## 무늬갈돔 *Kyphosus cinerascens* (Forsskål)　　[황줄깜정이과]

◆영명 / Blue chub　◆일명 / テンジクイサキ(tenjikuisaki)
◆중명 / 長鰭魚舵 (cháng-qí-yú-duò)

◆전장 / 50cm
◆분포 / 제주도를 포함한 남해
　(전남 거문도), 일본 중부 이남,
　인도양, 서태평양
◆이용 / 회, 조림, 튀김

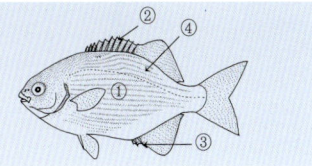

**특징**⇒ ① 몸의 형태는 '황줄깜정이과'의 다른 어종에 비해 체고가 약간 높은 난형이다. ② 등지느러미는 극조부의 높이가 연조부보다 낮으며, 기조 수는 11 극조 12연조이다. ③ 뒷지느러미의 기조 수는 3극조 11연조이다. 몸은 흑갈색 이고 ④ 살아 있을 때는 희미한 황갈색 세로줄 무늬들이 나타난다. 각 비늘은 푸른빛을 띤다.

**생태**⇒ 여름에서 가을까지는 주로 동물류를 먹고 겨울에는 조류를 먹는다. 벵에돔에 비해 잡히는 양은 적지만 제주도와 남해안에서 가끔 낚시에 걸린다.

**이용**⇒ 맛은 벵에돔에 비해 떨어지며, 회, 조림 등으로 이용된다.

## 황줄깜정이 *Kyphosus vaigiensis* (Quoy and Gaimard) [황줄깜정이과]

◆영명 / Bluefish, Large tail drummer, Brassy drummer

◆일명 / イスズミ (isuzumi) ◆중명 / 短鰭䰾(duǎn-qí-duò)

◆전장 / 70cm
◆분포 / 남해(부산), 일본 중부
　이남, 인도양, 서태평양
◆이용 / 회, 조림, 튀김

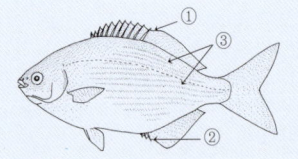

**특징**⇒ ① 등지느러미는 연조부의 앞쪽 기조가 가장 긴 극조의 길이보다 짧거나 비슷하며, 기조 수는 10∼11극조 13∼15연조이다. ② 뒷지느러미 기조 수는 3극조 12∼13연조이다. 몸은 회색 바탕에 ③ 체측에 여러 개의 노란색 세로줄 무늬가 있다. 유사종으로는 무늬깜정이(*K. bigibbus*)가 있다.

**생태**⇒ 여름에서 가을까지는 주로 동물류를 먹고 겨울에는 조류를 먹는다.

**이용**⇒ 비린내가 약간 나서 맛이 좋은 물고기는 아니지만, 된장이나 생강 등을 넣어 요리하면 비린내가 사라진다. 회로 먹을 때에는 내장을 빼고 여러 번 씻은 다음, 초고추장과 생강을 곁들여 먹으면 맛이 좋다. 낚시 대상 어종이다.

## 범돔 *Microcanthus strigatus* (Cuvier)　　[황줄감정이과]

◆영명 / Stripey, Footballer ◆일명 / カゴカキダイ(kagokakidai)
◆중명 / 小鱗細刺魚(xiǎo-lín-xì-cì-yú)

◆전장 / 20cm
◆분포 / 동해와 제주도를 포함한 남해, 일본 중부 이남, 하와이, 타이완, 오스트레일리아
◆이용 / 건어물, 회, 소금구이, 조림

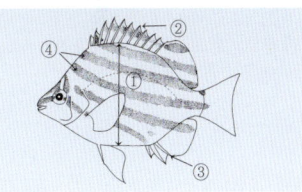

**특징**⇨ ① 체고가 높고 몸 길이가 짧은 마름모꼴이다. ② 등지느러미 기조 수는 11극조 16~18연조, ③ 뒷지느러미는 3극조 13~14연조이다. ④ 몸 전체에 너비가 비슷한 노란색과 검은색 줄무늬가 교대로 배열되어 있다.

**생태**⇨ 연안 얕은 곳부터 수심 100m에 이르는 바위 지역에서 단독 또는 무리를 지어 생활한다.

**이용**⇨ 한꺼번에 많이 잡히는 종이 아니므로 수산업적 가치는 낮으며, 건어물로 유통되기도 한다. 수족관의 관상어로 알맞은 물고기이다.

## 줄벤자리

*Rhyncopelates oxyrhynchus* (Temminck and Schlegel)　　　[살벤자리과]

◆영명 / Sharpnose tigerfish, Four-striped grunter

◆일명 / シマイサキ(shimaisaki) ◆중명 / 尖吻鯻 (jiān-wěn-là)

◆전장 / 30cm
◆분포 / 동해 남부와 제주도를 포함한 남해, 일본 남부, 타이완, 필리핀
◆이용 / 회, 소금구이, 조림

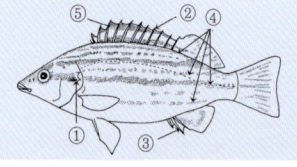

**특징**⇒ ① 아가미뚜껑 뒤쪽에 2개의 가시가 있다. ② 등지느러미 기조 수는 12 극조 9~11연조, ③ 뒷지느러미는 3극조 7~9연조이다. ④ 유어의 몸 색깔은 황갈색 바탕에 4개의 흑갈색 세로줄 무늬가 있고, 성장하면서 줄무늬 사이에 3개의 가는 줄무늬가 더 나타난다. ⑤ 등지느러미 극조부 가장자리는 갈색을 띤다.

**생태**⇒ 강 하구와 연안에 서식한다. 소형 저서 동물과 다른 어류의 비늘을 먹는다. 봄에서 여름 사이에 산란하며, 잡혔을 때에는 부레를 수축시켜 소리를 낸다.

**이용**⇒ 여름에 맛이 좋으며, 살에 기름이 오른 큰 물고기가 회와 소금구이에 알맞다.

## 살벤자리 *Terapon jarbua* (Forsskål)

[살벤자리과]

◆영명 / Three-striped tigerfish, Crescent perch

◆일명 / コトヒキ(kotohiki), ヤカタイサキ(yakataisaki) ◆중명 / 細鱗䲛 (xì-lín-là)

◆전장 / 25cm
◆분포 / 제주도를 포함한 남해와 서해 남부, 일본 남부, 남중국 해, 인도양, 서태평양
◆이용 / 회, 소금구이, 조림

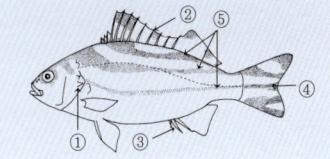

**특징**⇨ ① 아가미뚜껑 뒤쪽에 2개의 가시가 있고, 아래쪽 가시는 아가미구멍의 뒤쪽까지 길게 뻗어 있다. ② 등지느러미 기조 수는 10~12극조 9~11연조, ③ 뒷지느러미는 3극조 7~9연조이다. ④ 꼬리지느러미에는 중앙에 일직선의 세로줄 무늬가 있고, 위아래 쪽으로 2개의 줄무늬가 대칭을 이룬다. 몸은 은회색 바탕에 ⑤ 아래쪽으로 활처럼 휘어진 3개의 검은 세로줄 무늬가 있다.

**생태**⇨ 수심이 낮은 연안이나 강 하구에서 작은 저서 동물을 먹고 생활하며, 담수에도 적응하여 기수역에도 출현한다.

**이용**⇨ 살은 흰색으로 부드럽고 담백하며, 특히 여름에 맛이 좋다.

## 돌돔 *Oplegnathus fasciatus* (Temminck and Schlegel) [돌돔과]

◆영명 / Rock bream, Striped beak perch  ◆일명 / イシダイ(ishidai)
◆중명 / 條石鯛(tiáo-shí-diāo)

◆전장 / 80cm
◆분포 / 우리 나라 전 해역, 일본, 타이완, 하와이
◆이용 / 회, 찜

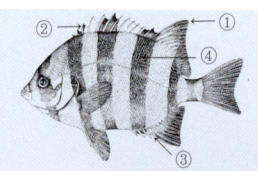

**특징**⇒ ① 등지느러미는 연조부의 앞부분이 극조부보다 기조가 길어서 훨씬 높으며, ② 기조 수는 11~12극조 17~18연조이다. ③ 뒷지느러미 기조 수는 3극조 12~13연조이다. 몸은 밝은 회흑색 바탕에 ④ 6~7개의 선명한 검은 가로줄 무늬가 있다. 완전히 자란 어미는 줄무늬가 희미해지고 전체적으로 회흑색을 띠며, 주둥이가 검게 변한다.

⦿ 노성어

**생태**⇒ 연안의 바위 지역에 서식하고, 전장 3cm 미만의 유어는 부유성 갑각류를 먹으며, 15cm 이상 자라면 조개류와 성게 등의 극피 동물을 주로 먹는다.

**이용**⇒ 고급 어종으로 양식도 한다. 봄에서 여름에 맛이 좋고, 회가 별미이다.

## 강담돔 *Oplegnathus punctatus* (Temminck and Schlegel) [돌돔과]

◆영명 / Rock porgy ◆일명 / イシガキダイ(ishigakidai)

◆중명 / 斑石鯛(bān-shí-diāo)

◆전장 / 90cm
◆분포 / 동해 남부와 제주도를
  포함한 남해, 일본 중부 이남,
  남중국해, 괌, 하와이
◆이용 / 찜

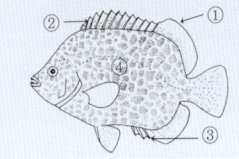

**특징**⇒ 몸의 형태와 이의 모양이 돌돔과 비슷하다. ① 등지느러미는 연조부의 앞부분이 극조부보다 높으며, ② 기조 수는 12극조 15～16연조이다. ③ 뒷지느러미 기조 수는 3극조 13연조이다. ④ 몸은 연한 황백색 바탕에 돌담을 쌓은 듯한 검은 무늬가 짜 맞추어져 있다. 자라면서 이러한 무늬는 없어지고, 노성어가 되면 돌돔과 반대로 주둥이의 색깔이 흰색으로 변한다.

**생태**⇒ 연안의 암초성 어류이며, 생활 습성은 돌돔과 비슷하다.

**이용**⇒ 6～8월에 지방이 많아서 맛이 있고, 찜으로 요리하여 먹는다.

# 여덟동가리 *Goniistius quadricornis* (Günther)　　　[다동가리과]

◆영명 / Black barred morwong　◆일명 / ユウダチタカノハ(yûdachi-takanoha)

◆중명 / 素尾鷹鶲(sù-wěi-yīng-wēng), 黑尾鷹斑鶲(hēi-wěi-yīng-bān-wēng)

◆전장 / 40cm
◆분포 / 제주도를 포함한 남해,
　일본 중부 이남
◆이용 / 회, 찜

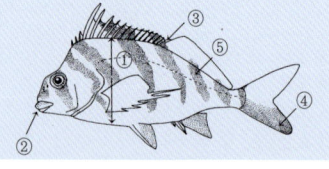

**특징⇒** ① 몸 전반부의 체고가 높고 뒤로 갈수록 차츰 완만한 경사를 이루며 낮아진다. ② 양턱의 길이는 비슷하고, 입술은 두껍다. ③ 등지느러미의 극조부와 연조부 사이는 얕은 홈을 이루면서 막으로 연결되어 있다. ④ 꼬리지느러미의 하엽은 검은색을 띤다. 몸은 연한 회갈색 바탕에 ⑤ 8개의 흑갈색 가로줄 무늬가 있다.

**생태⇒** 연안 얕은 곳의 바위 지역에 서식하며, 새우와 소형 저서 동물을 먹는다.

**이용⇒** 비린내가 나므로 내장을 빨리 제거하는 것이 좋으며, 내장을 꺼낼 때 터지지 않도록 주의해야 한다.

## 아홉동가리 *Goniistius zonatus* (Cuvier)　　　　[다동가리과]

◆영명 / Whitespot-tail morwong　◆일명 / タカノハダイ (takanohadai)

◆중명 / 花尾鷹鶲 (huā-wěi-yīng-wēng)

◆전장 / 45cm
◆분포 / 경북 울릉도, 제주도를 포
　함한 남해, 서해 중부 이남, 일
　본 중부 이남, 타이완
◆이용 / 회, 찜

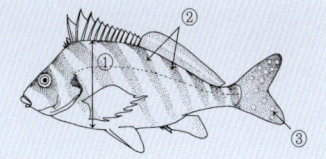

**특징**⇒ ① 몸 전반부의 체고가 높고 뒤로 갈수록 차츰 완만한 경사를 이루며 낮아진다. 몸은 회청색 바탕에 ② 주둥이에서 미병부에 이르기까지 9개의 너비가 넓고 경사진 검은색 가로줄 무늬가 있다. ③ 꼬리지느러미에는 황갈색 바탕에 둥글고 흰 반점들이 눈송이처럼 흩어져 있다.

**생태**⇒ 연안의 얕고 바위가 많은 곳에서 생활하며, 새우와 저서 동물을 주로 먹는다.

**이용**⇒ '여덟동가리'와 같은 방법으로 요리한다. 앞바다에서 잡힌 것은 비린내가 심하지 않으므로 회로 먹을 수 있다.

## 망상어 *Ditrema temminckii* Bleeker

[망상어과]

◆영명 / Temminck's surfperch　◆일명 / ウミタナゴ(umitanago)
◆중명 / 海鯽 (hǎi-jì), 海鮒 (hǎi-fù)

◆전장 / 30cm
◆분포 / 동해와 남해, 일본 홋카
　이도 이남
◆이용 / 회, 소금구이, 튀김

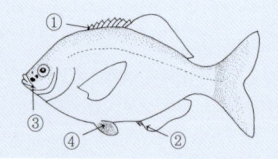

**특징**⇒ ① 등지느러미는 극조부의 기조가 연조부의 기조보다 짧아서 극조부가 연조부보다 낮으며, 기조 수는 9~11극조 19~22연조이다. ② 뒷지느러미 기조 수는 3극조 25~28연조이다. ③ 눈에서 위턱의 후단부 쪽으로 2개의 흑갈색 줄무늬가 있고, ④ 배지느러미는 검은색을 띤다. 몸은 황갈색 바탕에 등은 진하고, 배는 연한 색을 띤다. 유사종으로는 청록망상어(*D. viride*), 인상어(*Neoditrema ransonneti*)가 있다.

**생태**⇒ 모래와 바위 지역에 서식하고, 태생어로 한 번에 약 13마리의 새끼를 낳는다.

**이용**⇒ 흰살 생선으로, 수분이 많고 봄에 알을 가진 것이 맛이 좋다.

## 자리돔 *Chromis notata* (Temminck and Schlegel) [자리돔과]

◆영명 / Coralfish, White-saddled reeffish　◆일명 / スズメダイ(suzumedai)
◆중명 / 斑鰭光鰓魚(bān-qí-guāng-sāi-yú)

◆전장 / 14cm
◆분포 / 동해와 제주도를 포함한
　남해, 일본 중부 이남, 동중국해
◆이용 / 물회, 소금구이

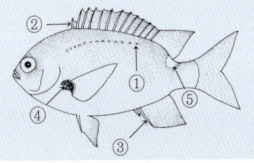

**특징⇒** ① 측선은 극조부의 후반부에서 중단된다. ② 등지느러미 기조 수는 13
～14극조 12～14연조, ③ 뒷지느러미는 2극조 10～12연조이다. ④ 가슴지느러
미 기부에 진한 흑청색 반점이 있다. ⑤ 미병부 등 쪽의 흰 반점은 수중에서는
뚜렷하지만 밖에 나와 죽으면 없어진다. 몸은 담갈색, 황토색, 암갈색 등 변화
가 심하다.

**생태⇒** 수심 2～30m의 산호와 바위가 많은 지역에서 무리를 지어 생활하고,
산란기는 6～7월이다. 수컷이 바위 위로 암컷의 산란을 유도하고, 부화될 때까
지 알을 지킨다. '자리돔과' 어류 가운데 저온에 가장 잘 적응한 종으로 8℃인
수역에서도 서식한다.

**이용⇒** 소형 어종으로, 내장을 꺼내지 않고 통째로 소금을 뿌려 하룻밤 말린 다
음 구워서 뼈째로 먹을 수 있다. 제주도에서는 물회로 인기가 있다.

## 호박돔 *Choerodon azurio* (Jordan and Snyder) [놀래기과]

◆영명 / Scar breast tuskfish ◆일명 / イラ(ira)

◆중명 / 藍猪齒魚(lán-zhū-chǐ-yú)

◆전장 / 45cm

◆분포 / 경북 울릉도, 제주도를 포함한 남해, 일본 남부, 타이완

◆이용 / 소금구이, 탕

**특징**⇒ ① 주둥이에서 머리에 이르는 외곽선은 경사가 심한데, 어미가 되면 이 부분이 둥글게 솟아오른다. 몸은 황적색 바탕에 ② 등지느러미 극조부 중앙에서 시작되어 가슴지느러미 기부까지 경사를 이루는, 너비가 넓은 암갈색 줄무늬가 1개 있다. ③ 꼬리지느러미의 위아래 가장자리는 파란빛을 띤다.

**생태**⇒ 따뜻한 바다의 바위가 많은 지역에 서식하며, 육식성 어류이다.

**이용**⇒ 살이 부드러우며, 된장을 넣어 탕으로 요리하여 먹으나 맛이 좋은 어종은 아니다.

위 : ♂, 아래 : 우

# 용치놀래기
*Halichoeres poecilopterus* (Temminck and Schlegel)　　　[놀래기과]

◆영명 / Multicolorfin rainbowfish　◆일명 / キュウセン(kyûsen)
◆중명 / 花鰭海猪魚(huā-qí-hǎi-zhū-yú)

◆전장 / 35cm
◆분포 / 동해, 제주도를 포함한 남
　해, 일본 홋카이도 이남, 중국
◆이용 / 회, 소금구이, 조림

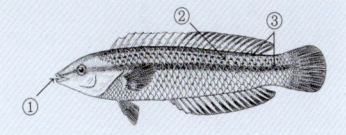

**특징**⇒ ① 양턱에 각각 4개씩의 송곳니가 있다. ② 측선은 등의 외곽선과 평행을 이루다가 등지느러미 연조부 중간에서 아래쪽으로 급격히 휘어져 내려와 미병부에서는 몸의 중앙에 위치한다. 수컷은 등이 청록색이고, 배는 황록색이며, 가슴지느러미 기부에서 꼬리지느러미 앞까지 이어지는 진한 암청색 세로줄 무늬가 있다. 암컷은 전체가 밝은 황록색을 띠고 ③ 2개의 검은 세로줄 무늬가 있다.

**생태**⇒ 연안의 바위 지역에 서식한다.

**이용**⇒ 담백한 흰살 생선으로, 부드럽고 가시를 발라 내기 쉽다. 수컷이 암컷보다 맛이 더 좋다. 신선한 것은 회나 냉회로 만들어 초된장을 찍어 먹는다.

위 : ♂, 아래 : ♀

## 놀래기 *Halichoeres tenuispinis* (Günther) [놀래기과]

◆영명 / Motley stripe rainbowfish ◆일명 / ホンベラ(honbera)
◆중명 / 細棘海猪魚(xì-jí-hǎi-zhū-yú)

◆전장 / 20cm
◆분포 / 제주도를 포함한 남해와
　경북 울릉도, 일본 남부, 중국,
　필리핀
◆이용 / 회, 소금구이, 조림

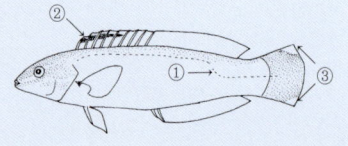

**특징**⇒ ① 측선은 아가미구멍 뒤에서 시작되어 등의 외곽선과 평행을 이루다가 등지느러미 후반부에서 급한 경사를 이루면서 휘어져 내려와 미병부에서는 몸의 중앙부에 위치한다. 몸의 앞부분은 황적색, 뒷부분은 청록색을 띠고, ② 수컷의 등지느러미 극조부 제1~5극조에는 검은 반점이 뚜렷하며, ③ 꼬리지느러미 위아래 가장자리는 파란빛을 띤다.

**생태**⇒ 연안의 해조류와 바위가 많은 지역에 서식한다.

**이용**⇒ 담백한 흰살 생선으로, 부드럽고, 수컷이 암컷보다 맛이 더 좋다. 신선한 것은 회나 냉회로 만들어 초된장을 찍어 먹는다.

## 황놀래기 *Pseudolabrus sieboldi* Mabuchi and Nakabo　[놀래기과]

◆영명 / Bamboo leaf wrasse　◆일명 / ササノハベラ (sasanohabera)
◆중명 / 粗擬隆頭魚 (cū-nǐ-lóng-tóu-yú)

◆전장 / 25cm
◆분포 / 제주도, 일본 남부, 타이완
◆이용 / 소금구이, 조림, 튀김

**특징**⇒ ① 수컷은 측선이 불분명하고, 암컷의 측선은 등의 외곽선과 평행을 이루다가 등지느러미 후반부에서 급한 경사를 이루면서 아래쪽으로 휘어져 내려온다. 몸 색깔은 수컷은 진한 녹갈색이고, 암컷은 황갈색을 띤다. 수컷은 등에 흰 반점들이 흩어져 있고, ② 암컷은 눈 주변에 가는 암갈색 줄무늬가 나타난다.
**생태**⇒ 따뜻하고 얕은 바다의 해조류와 바위가 많은 곳에 서식한다.
**이용**⇒ 소형 어종으로, 살이 많지 않으나 흰살 생선으로 담백하며, 놀래기류 가운데서 맛이 가장 좋다. 제주도 연안에서 낚시에 자주 걸리지만, 돌돔과 같은 대어를 기대하는 낚시꾼들에게 반가운 존재는 아니다.

# 흑돔 Semicossyphus reticulatus (Valenciennes) [놀래기과]

◆영명 / Bulgyhead wrasse ◆일명 / コブダイ(kobudai)
◆중명 / 網紋半鳴魚 (gāng-wén-bàn-míng-yú)

◆전장 / 1m
◆분포 / 제주도를 포함한 남해와 경북 울릉도, 동해 중부 이남, 일본 남부, 남중국해
◆이용 / 소금구이, 조림

**특징**⇒ ① 머리는 크고, 눈 위쪽 머리의 외곽선은 성장할수록 혹처럼 솟아 나온다. ② 꼬리지느러미 뒤 가장자리는 어릴 때는 바깥쪽으로 약간 둥글지만 어미가 되면 직선형이거나 안쪽으로 약간 오목해진다. 몸은 진한 적갈색을 띠고, 어릴 때는 연한 황백색 세로줄 무늬가 눈에서 꼬리지느러미 앞까지 선명하게 이어지지만 어미가 되면 없어진다.

○ 유어

**생태**⇒ 따뜻한 바다의 바위 지역에 서식하며 육식성이다.

**이용**⇒ 흰살 생선으로, 살이 부드럽다. 잡아당기는 힘이 강해서 낚시꾼들에게 인기가 있다.

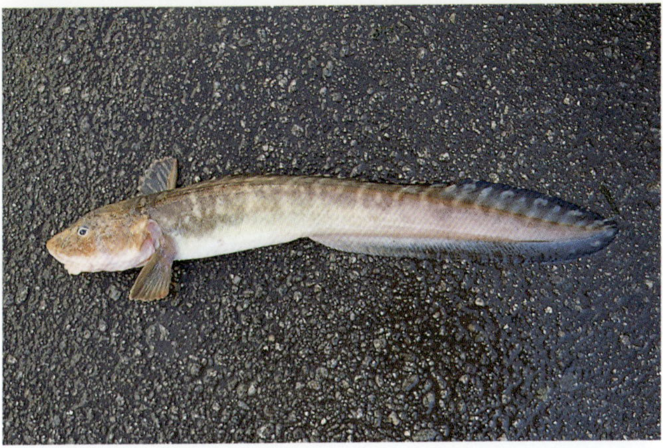

## 벌레문치 *Lycodes tanakae* Jordan and Thompson [등가시치과]

◆영명 / Tanaka's eelpout ◆일명 / タナカゲンゲ(tanakagenge)
◆중명 / 白斑狼綿鳚(bái-bān-láng-mián-wèi)

◆전장 / 1m
◆분포 / 동해 중부 이북, 일본 북부, 오호츠크 해
◆이용 / 찌개

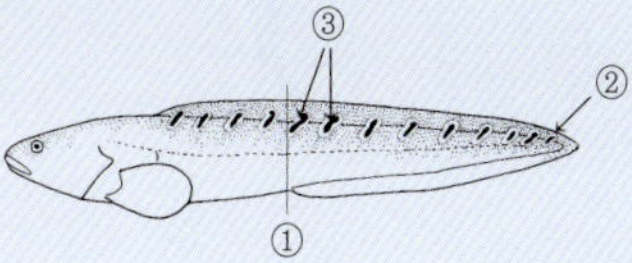


**특징**⇒ ① 주둥이 끝에서 뒷지느러미 기점까지의 거리는 전장의 약 1/2이다. 수컷은 암컷에 비해 머리 너비가 넓고 입이 크며 눈이 작다. ② 등지느러미와 뒷지느러미는 꼬리지느러미와 연결되어 있다. 몸은 연한 갈색 바탕에 ③ 체측 상반부와 등지느러미에 13~15개의 벌레 모양의 가로줄 무늬가 있고, 줄무늬 주변에 밝은 색 테두리가 있다.

**생태**⇒ 수심 300~500m에 서식하는 저서성 어류이다.

**이용**⇒ 동해 일부 지방에서 식용하지만 식용으로 적합한 어종은 아니다. 몸에 점액이 있으므로 점액을 씻어 낸 다음 조리한다.

## 등가시치 *Zoarces gillii* Jordan and Starks

[등가시치과]

◆영명 / Blotched eelpout　◆일명 / コウライガジ (kôraigaji)
◆중명 / 吉氏綿鯯(jí-shì-mián-wèi)

◆전장 / 50cm
◆분포 / 우리 나라 전 연안, 일본
　중부 이남
◆이용 / 탕

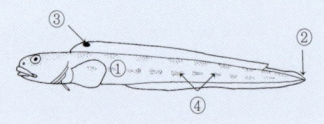

**특징**⇒ ① 몸은 길고 앞쪽은 원통형이며 뒤로 갈수록 작아지고 좌우로 납작해진다. ② 등지느러미와 뒷지느러미는 꼬리지느러미와 연결되고, 꼬리지느러미 뒤 가장자리는 약간 뾰족하다. ③ 등지느러미 앞쪽에 검은 반점이 1개 있다. ④ 체측 중앙을 따라 윤곽이 뚜렷하지 않은 10여 개의 흑갈색 구름무늬가 있다. 등은 어두운 갈색이고, 배는 밝은 갈색을 띤다.
**생태**⇒ 연안의 모래 · 개펄 지역에 서식한다.
**이용**⇒ 잡어로 취급되며, 매운탕의 재료로 이용된다.

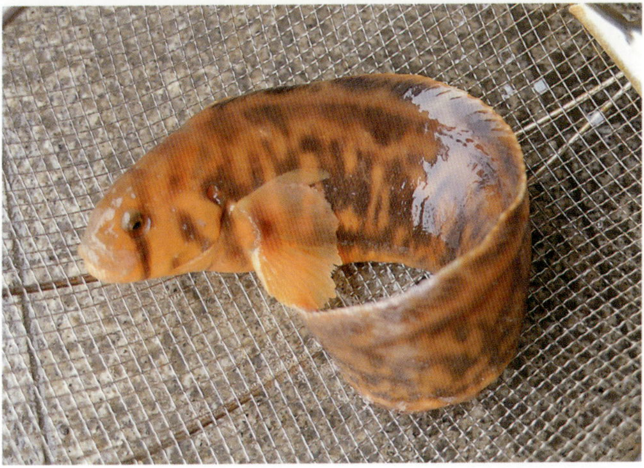

## 얼룩괴도라치 *Ascoldia variegata knipowitschi* Soldatov [장갱이과]

◆영명 / Mud prickleback ◆일명 / ドロギンポ(doroginpo)
◆중명 / 无線鳚(wú-xiàn-wèi)

◆전장 / 45cm
◆분포 / 동해 중부 이북, 일본 북부, 오호츠크 해
◆이용 / 조림, 탕

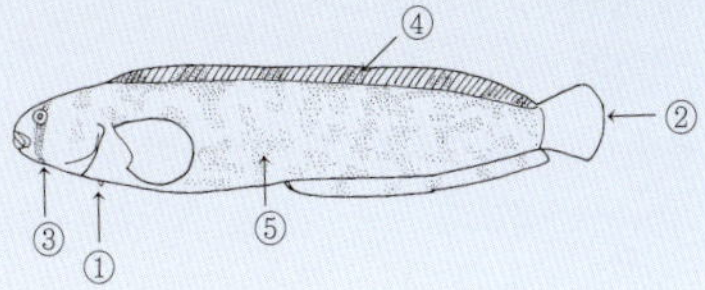


**특징**⇒ 몸에는 작은 비늘이 있으나 점액질이 있어 미끄럽다. ① 배지느러미는 퇴화되어 흔적만 남았고, ② 꼬리지느러미 뒤 가장자리는 둥글다. ③ 눈 아래에 갈색 줄무늬가 주둥이 아래로 이어지고, ④ 등지느러미에 윤곽이 불분명한 어두운 반점들이 있다. 몸은 진한 황갈색 바탕에 ⑤ 흑갈색의 구름무늬가 있다.
**생태**⇒ 수심 100m 정도의 개펄 바닥에 주로 서식한다.
**이용**⇒ 일본에서는 식용으로 이용되지 않지만, 우리 나라 동해안에서는 식용으로 이용되기도 한다. 식용 가치는 크지 않다.

## 괴도라치 *Chirolophis japonicus* Herzenstein　　[장갱이과]

◆영명 / Fringed blenny　◆일명 / フサギンポ (fusaginpo)
◆중명 / 綏鰮 (suì-wèi), 日本皮須線鰮 (rì-běn-pí-xū-xiàn-wèi)

◆전장 / 50cm
◆분포 / 동해 중부 이북, 일본, 중국
◆이용 / 찌개

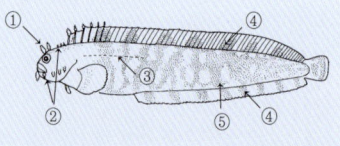

**특징**⇒ ① 눈 위쪽에 2개의 피판이 있으며, ② 머리와 뺨, 아래턱 주변, 등지느러미 1~6극조의 끝에도 꽃송이와 같은 작은 피판이 있다. ③ 측선은 가슴지느러미 위에서 시작되어 몸의 앞에만 나타난다. ④ 등지느러미와 뒷지느러미에 여러 개의 어두운 줄무늬가 일정한 간격으로 배열되어 있다. 몸은 진한 노란색 바탕에 ⑤ 갈색의 구름무늬가 얽혀 있다. 유사종으로는 왜도라치(*C. wui*), 꽃송이괴도라치(*C. snyderi*)가 있다.

**생태**⇒ 보통 수심 30m 미만의 바위 지역에 서식하고, 산란기에는 더 얕은 곳으로 이동한다. 산란은 주로 동계에 이루어지고, 알은 덩어리의 점착란이다.

**이용**⇒ 일본에서는 식용하지 않고 버려지는 어종이나, 우리 나라 동해안(강원도 주문진)에서는 전복을 먹고 사는 '전복치'라고 하며, 비싼 가격에 팔린다.

## 큰줄베도라치 *Stichaeopsis epallax* (Jordan and Snyder) [장갱이과]

◆영명 / Fork line stickleback　◆일명 / アメガジ(ame-gaji)

◆중명 / 褐斷線鰦(hè-duàn-xiàn-wèi)

◆전장 / 30cm
◆분포 / 동해 중부 이북, 일본 북부, 오호츠크 해
◆이용 / 구이, 튀김

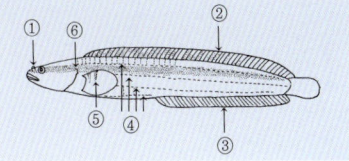

**특징**⇒ ① 눈 앞쪽의 콧구멍이 관 모양을 이룬다. ② 등지느러미 기조 수는 46~49극조, ③ 뒷지느러미 기조 수는 2극조 31~33연조이다. ④ 측선은 4개이다. ⑤ 가슴지느러미에도 희미한 수직 줄무늬가 있다. 몸은 전체적으로 연한 갈색을 띠고, ⑥ 주둥이 끝에서 꼬리지느러미까지 너비가 넓은 암갈색 세로무늬가 이어진다.

**생태**⇒ 수심이 약간 깊고, 해조류와 바위가 많은 곳에 서식한다.

**이용**⇒ 강원도 속초, 주문진 등 우리 나라 동해안에서 식용으로 이용된다. 식용 가치는 크지 않다.

## 장갱이 *Stichaeus grigorjewi* Herzenstein

[장갱이과]

◆영명 / Long shanny ◆일명 / ナガズカ (nagazuka)

◆중명 / 葛氏線鳚 (gě-shì-xiàn-wèi)

◆전장 / 60cm

◆분포 / 동해, 일본 북부, 오호츠크 해

◆이용 / 어묵

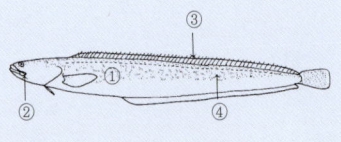

**특징**⇒ ① 몸은 길고 앞쪽은 원통형에 가까우며, 뒤로 갈수록 좌우로 납작해진다. ② 입이 크고, 턱의 후단은 눈 뒤까지 이른다. ③ 등지느러미는 날카로운 극조로만 이루어져 있으며, 기조 수는 52~57극조이다. 몸은 연한 갈색 바탕에 ④ 그물 모양의 진한 갈색 무늬가 얽혀 있다. 배는 노란색을 띤다.

**생태**⇒ 한대성 어종으로 우리 나라 경상북도 이북의 동해안에만 분포하며, 수심 300m 미만의 모래·개펄 지역에 서식한다.

**이용**⇒ 어묵의 재료로 이용되며, 알에 독이 있으므로 주의해야 한다.

## 도루묵 *Arctoscopus japonicus* (Steindachner)　　　　[도루묵과]

◆영명 / Sailfin sandfish, Japanese sandfish　◆일명 / ハタハタ(hatahata)
◆중명 / 日本叉牙魚(rì-běn-chā-yá-yú)

◆전장 / 30cm
◆분포 / 동해, 일본 중부 이북, 캄
차카 반도, 알래스카
◆이용 / 소금구이, 조림, 튀김, 찌개

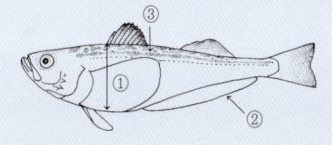

**특징**⇒ ① 제1등지느러미 앞의 체고가 가장 높고 뒤로 갈수록 낮아진다. ② 뒷
지느러미는 가슴지느러미 아래에서 시작되어 미병부까지 길게 이어진다. 몸에
비늘과 측선이 없다. 등은 황갈색으로, ③ 모양이 일정하지 않은 흑갈색 물결무
늬가 있고, 배는 은백색을 띤다.

**생태**⇒ 수심 100~400m 되는 대륙붕의 모래·개펄 지역에 서식한다. 산란기
는 11~12월이며, 수온이 13~14℃에 이를 무렵, 수심 2~3m 정도의 해조류가
많은 곳으로 와서 알을 낳은 뒤 바다로 나간다.

**이용**⇒ 흰살 생선으로, 담백하고 맛이 좋다. 가장 맛이 좋은 시기는 겨울이며,
맛있는 국물이 우러나므로 겨울철 찌개 요리에 적합하다. 일본에서는 채소와
두부를 넣고 끓인 '쇼츠루나베', 식초에 절인 도루묵을 쌀과 누룩에 무쳐 순무
를 포개 절인 '도루묵초절임', 기타 전골 요리로 다양하게 이용된다.

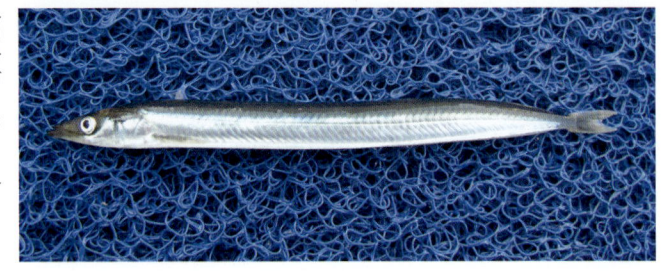

## 까나리 *Ammodytes personatus* Girard

[까나리과]

◆영명 / Sand lance ◆일명 / イカナゴ(ikanago)
◆중명 / 玉筋魚(yù-jīn-yú), 面條魚(miàn-tiáo-yú)

◆전장 / 25cm
◆분포 / 우리 나라 전 해역, 일본
◆이용 / 액젓, 튀김, 조림, 구이, 회

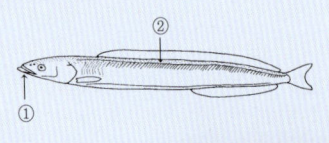

**특징**⇒ ① 주둥이는 매우 길고 뾰족하며, 아래턱이 위턱보다 길다. ② 아가미구멍 위에서 미병부까지 주름과 같은 피습(皮褶)이 있고, 그 수는 160~180개이다. 등은 황갈색이고, 배는 은백색이다. 꼬리지느러미는 진한 갈색을 띠고, 나머지 지느러미는 투명하다.

**생태**⇒ 연안에서 서식하며, 동물성 플랑크톤을 먹는다. 봄에 수온 10℃ 전후에서 산란하지만, 해역에 따라 차이가 있다(남쪽은 산란 수온이 높고 북쪽은 산란 수온이 낮다). 여름철에 수온이 높아지면 모래 속으로 들어가 여름잠을 잔다.

**이용**⇒ 어린 까나리는 쪄서 말린 조림이 맛있고, 다 자란 것은 튀김이나 조림, 구이 등이 맛이 좋다. 바로 잡은 작은 것은 소금물에 데쳐 초간장에 찍어 먹으면 일미이다. 이 밖에도 액젓을 만들어 김치를 담글 때 이용하는데, 인천 백령도의 까나리 액젓은 잘 알려져 있다.

## 푸렁통구멍

*Xenocephalus elongatus* (Temminck and Schlegel)　[통구멍과]

◆영명 / Blue-spotted stragazer　◆일명 / アオミシマ (aomishima)
◆중명 / 靑鰧 (qīng-téng)

◆전장 / 50cm
◆분포 / 서해와 남해, 일본, 동중국해
◆이용 / 찌개, 어묵

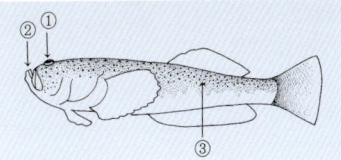

**특징⇒** ① 눈은 작고 두 눈 사이의 간격이 넓다. ② 주둥이는 뭉툭하고 입은 위를 향해 수직으로 열린다. 비늘은 피부에 묻혀 있고, 피부는 매끈하다. 몸은 적갈색 바탕에 ③ 작은 흑갈색 점들이 흩어져 있고, 배는 흰색을 띤다. 각 지느러미의 일부는 붉은색을 띠고, 꼬리지느러미 기부는 검다.

**생태⇒** 수심 30~400m의 바닥에 서식한다. 모래 속에 몸을 묻고 눈만 내놓고 있다가 다가온 어류를 잡아먹는다.

**이용⇒** 일반적으로 맛이 좋은 물고기는 아니며, 어묵의 재료로 이용된다.

## 민통구멍 *Uranoscopus chinensis* Guichenot

[통구멍과]

◆일명 / キビレミシマ(kibiremishima)

◆중명 / 大頭丁(dà-tóu-dīng), 眼鏡魚(yǎn-jìng-yú)

◆전장 / 33cm
◆분포 / 서해(전북 군산), 일본 남부, 남중국해
◆이용 / 찌개, 조림, 어묵

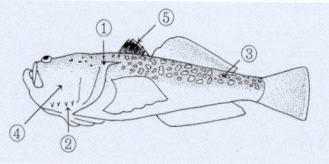

**특징**⇒ 몸의 형태는 푸렁통구멍과 같다. ① 아가미구멍 위쪽에는 강하고 날카로운 가시가 뒤쪽을 향해 돌출되어 그 끝이 등지느러미 앞부분에 이른다. ② 전새개골의 아래 가장자리에 4개의 작은 가시가 있다. ③ 등은 적갈색 바탕에 흰 반점들이 그물무늬를 이루고, ④ 머리와 아가미뚜껑에는 그물무늬가 없다. ⑤ 등지느러미의 극조부에는 크고 검은 무늬가 있다.

**생태**⇒ 수심 30~120m의 모랫바닥에 서식한다.

**이용**⇒ 일반적으로 맛이 좋은 물고기는 아니며, 조림이나 어묵의 재료로 이용된다.

## 얼룩통구멍 *Uranoscopus japonicus* Houttuyn [통구멍과]

◆영명 / Japanese stragazer ◆일명 / ミシマオコゼ(mishimaokoze)
◆중명 / 日本䲢(rì-běn-téng), 网紋䲢(wǎng-wén-téng)

◆전장 / 33cm
◆분포 / 서해와 남해, 일본, 남중
국해
◆이용 / 찌개, 조림, 어묵

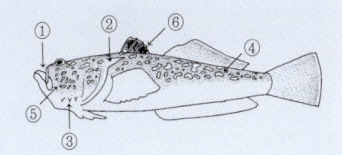

**특징**⇒ ① 주둥이는 뭉툭하고, 아래턱이 위턱 앞으로 돌출하여 입은 위를 향해 수직으로 열린다. ② 아가미구멍 위쪽에는 강하고 날카로운 가시가 뒤쪽을 향해 돌출되어 있다. ③ 전새개골의 아래 가장자리에 3개의 작은 가시가 있다. ④ 등은 적갈색 바탕에 흰 반점들이 그물무늬를 이루고, ⑤ 머리와 아가미뚜껑에도 그물무늬가 있다. ⑥ 등지느러미 극조부에 크고 검은 무늬가 있다.

**생태**⇒ 수심 30~250m의 바닥에 서식한다.

**이용**⇒ 일반적으로 맛이 좋은 물고기는 아니며, 조림이나 어묵의 재료로 이용 · 된다.

## 짱뚱어 *Boleophthalmus pectinirostris* (Linnaeus) [망둑어과]

◆영명 / Blue-spotted mud hopper　◆일명 / ムツゴロウ(mutsu-goro)
◆중명 / 大彈涂魚(dà-tán-tú-yú)

◆전장 / 20cm
◆분포 / 서해와 남해의 서부 연안(최근에 서식 범위가 크게 감소), 일본, 중국, 타이완
◆이용 / 탕, 구이

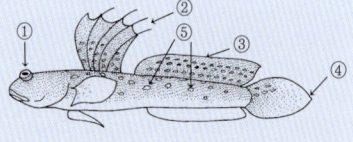

**특징**⇒ ① 눈은 머리의 등 쪽에 볼록하게 솟아 있고, 두 눈의 간격은 매우 좁다. ② 제1등지느러미 기조 수는 5극조, ③ 제2등지느러미는 1극조 25~26연조이다. ④ 꼬리지느러미 뒤 가장자리는 뾰족하다. 몸은 회청색, 배는 다소 연한 색이며, ⑤ 몸 전체에 흰 반점이 불규칙하게 흩어져 있다.

**생태**⇒ 물이 괴어 있는 조간대의 개펄에 구멍을 파고 살며, 잘 발달된 육질의 가슴지느러미를 이용하여 바닥을 기어다닌다. 규조류와 동물성 플랑크톤을 주로 먹으며, 산란기는 6~8월이다.

**이용**⇒ 주로 탕으로 이용된다. 죽은 뒤에는 맛이 급격히 떨어지므로 살아 있을 때 음식 재료로 이용하는 것이 좋다.

### ❖ 짱뚱어와 풀망둑

　"망둥이가 뛰니까 꼴뚜기도 뛴다."라는 우리말 속담이 있다. 여기에서 망둥이는 망둑어과 어류 가운데 간조 때 수면 위로 튀어오르거나, 조간 대의 개펄 바닥을 기거나 뛰어다니는 말뚝망둥어(*Periophthalmus modestus*)와 짱뚱어 등을 가리킨다. 이들은 가슴지느러미의 기저가 발달되어 기거나 뛰기에 알맞은 구조를 하고 있다.

　짱뚱어는 건강 식품으로, 인기 있는 식용어로 주로 탕으로 이용되며, 전남 보성(벌교)의 짱뚱어탕은 잘 알려진 토속 음식이다.

　풀망둑은 우리 나라 서해와 남해 서부에 분포하는 종으로, 다 자란 어미의 전장이 50cm에 달하며, 짱뚱어와 함께 식용으로 이용되는 망둑어 과의 대표적인 물고기이다.

　가을이 깊어 가는 10~11월이면 서해안의 바닷가와 강 하구에는 풀망둑을 잡기 위해 낚싯대를 드리운 낚시꾼들이 장사진을 이룬다. 대규모 간척 사업과 불법 어업, 생활 하수, 공장 폐수 등에 의한 오염으로 최근에 연안에서 많은 어종이 감소했지만, 풀망둑을 낚아 올리는 낚시꾼들의 탄성 소리만큼은 변함이 없다. 풀망둑을 낚는 데는 특별한 장비나 고도의 기술이 필요 없고 맛 또한 일품이어서, 주말과 휴일이면 가족 단위의 낚시꾼들에게 인기가 있다. 현장에서 잡은 풀망둑은 회로 먹어도 좋고, 남은 것은 내장을 제거한 다음 적당히 말려 냉동 보관했다가 구워서 먹는 맛도 일품이다.

◐ 풀망둑 낚시에 여념이 없는
　낚시꾼들(전북 만경강 하구)

## 풀망둑 *Synechogobius hasta* (Temminck and Schlegel)　[망둑어과]

◆영명 / Javelin goby　◆일명 / ハゼクチ(hazekuchi)
◆중명 / 矛尾刺蝦虎魚(máo-wěi-cì-xiā-hǔ-yú)

◆전장 / 50cm
◆분포 / 서해와 남해 서부, 일본,
　중국, 타이완
◆이용 / 회, 구이, 탕

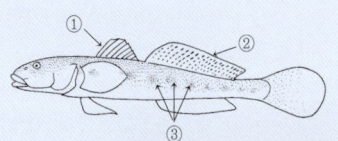

**특징**⇨ ① 제1등지느러미 기조 수는 8~9극조,
② 제2등지느러미는 1극조 17~21연조이다. 몸
은 황갈색 바탕에 ③ 9~12개의 윤곽이 불분명
한 어두운 반점이 세로로 배열되어 있다. 이 반
점은 어린 개체일수록 뚜렷하고 어미가 되면 희
미해진다. 산란기의 암컷은 주둥이와 가슴지느
러미, 꼬리지느러미가 노란색을 띤다. 유사종으
로는 문절망둑(*Acanthogobius flavimanus*)이 있다.

❂ 풀망둑회

**생태**⇨ 연안과 강 하구의 바다에 서식하며, 갑각류와 어류 등 작은 동물을 먹는
다. 산란기는 4~5월이며, 수명은 대개 2년이다. 흔히 말하는 망둑어 낚시는 이
종을 대상으로 한 것이다.

**이용**⇨ 회로 먹거나 내장을 제거한 다음 적당히 말려 구워 먹는다.

## 납작돔 *Scatophagus argus* (Linnaeus)　　　　[납작돔과]

◆영명 / Spotted scat　◆일명 / クロホシマンジュウダイ (kurohoshi-manjudai)
◆중명 / 金鼓魚 (jīn-gǔ-yú), 金錢魚 (jīn-qián-yú)

◆전장 / 35cm
◆분포 / 서해(전북 군산, 부안), 일
　본 중부 이남, 인도양, 서태평양
◆이용 / 소금구이, 튀김

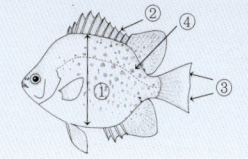

**특징**⇨ ① 몸은 납작하고 체고가 높다. ② 등지느러미는 1개이며, 극조부와 연
조부로 구분된다. ③ 꼬리지느러미 뒤 가장자리는 이중 만입형이다. 몸은 은회
색 바탕에 ④ 크고 작은 검은 반점들이 흩어져 있다.
**생태**⇨ 유어는 염분이 적은 기수역에 많이 서식하며, 어미는 내만이나 연안에
살면서 저생성 녹조류나 주변의 작은 동물을 먹는다.
**이용**⇨ 맛은 좋지만 많이 잡히지 않으므로 수산업적 가치는 낮은 편이다. 필리
핀에서는 고가의 어종으로 양식도 이루어지고 있다.

## 독가시치 *Siganus fuscescens* (Houttuyn)

[독가시치과]

◆영명 / Rabbit fish  ◆일명 / アイゴ (aigo)

◆중명 / 褐籃子魚 (hè-lán-zǐ-yú), 靑褐籃子魚 (gīng-hè-lán-zǐ-yú)

◆전장 / 30cm

◆분포 / 경북 울릉도, 제주도를 포함한 남해, 일본 남부, 타이완, 오스트레일리아 서부

◆이용 / 회, 찌개, 구이

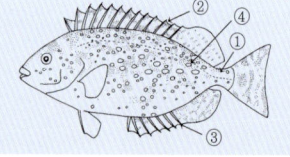

**특징⇨** 몸은 납작한 난형이고 ① 미병부가 매우 가늘다. ② 등지느러미 기조 수는 13극조 10연조, ③ 뒷지느러미는 7극조 9연조이다. 몸은 다갈색 또는 녹갈색을 띠며 ④ 타원형의 작고 흰 점들이 흩어져 있다.

**생태⇨** 바위가 많은 연안의 얕은 곳에 서식한다. 주로 동물성 플랑크톤을 먹지만, 어미는 조류를 먹는다. 지느러미 가시는 날카로우며, 이 가시에 찔리면 심한 통증을 느낀다.

**이용⇨** 흰살 생선으로 담백하고, 일반적으로 겨울철에 맛이 좋다. 다룰 때에는 독이 있는 가시에 찔리지 않도록 주의해야 하고, 낚시로 잡은 것은 산 채로 하룻동안 두었다가 조리하면 더욱 맛이 있다.

## 표문쥐치 *Naso unicornis* (Forsskål)  [양쥐돔과]

◆영명 / Nosefish, Blue spine unicornfish ◆일명 / テングハギ (tenguhagi)
◆중명 / 長吻鼻魚(cháng-wěn-bí-yú), 長吻双盾尾魚(cháng-wěn-shuāng-dùn-wěi-yú)

◆전장 / 60cm
◆분포 / 제주도를 포함한 남해,
  일본 남부, 인도양, 서태평양
◆이용 / 회, 구이, 건어물

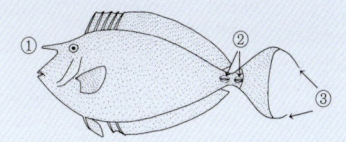

**특징**⇒ ① 머리 앞에 뿔 모양의 돌기가 앞을 향해 돌출되어 있으며, 그 길이는 돌기 아래에서 주둥이 끝까지의 길이보다 짧다. ② 미병부의 양측에 2개의 방패 모양의 골질판이 있고, 그 주변은 파란색을 띤다. ③ 꼬리지느러미의 양 끝은 실처럼 길게 연장되어 있다. 몸은 황갈색을 띠고, 양털 모양의 작은 비늘이 있다. 유사종으로는 제주표문쥐치(*N. lituratus*), 큰뿔표문쥐치(*N. brevirostris*)가 있다.

**생태**⇒ 연안의 바위 지역에 서식하며, 조류를 먹는다.

**이용**⇒ 몸이 납작하여 살이 많지 않으며, 잡어로 취급한다.

## 쥐돔 *Prionurus scalprum* Valenciennes [양쥐돔과]

◆영명 / Sawtail, Surgeonfish　◆일명 / ニザダイ(nizadai)

◆중명 / 多板盾尾魚(duō-bǎn-dùn-wěi-yú)

◆전장 / 50cm
◆분포 / 제주도를 포함한 남해,
　일본 남부, 타이완
◆이용 / 회

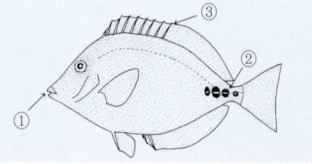

**특징**⇒ ① 주둥이는 뾰족하다. ② 미병부에 4～5개의 방패 모양의 골질판이 있고, 그 주변은 검은색을 띤다. ③ 등지느러미는 극조부와 연조부 사이에 홈이 없이 반듯하게 이어진다. 몸은 흑갈색이고, 살아 있을 때에는 등지느러미와 뒷지느러미 가장자리에 희미한 파란색 줄무늬가 나타난다.

**생태**⇒ 연안의 수심 5～10m의 바위와 해조류 지역에서 2～4마리씩 생활한다.

**이용**⇒ 미병의 측면과 등지느러미 등의 가시가 매우 날카로우므로 다룰 때 주의하고, 내장에서 갯냄새가 나므로 내장이 터지지 않도록 주의한다. 흰살 생선으로, 지방이 많고 씹히는 맛도 있으며 육질은 맛이 있다. 껍질은 두껍고 탄력이 있어서 쥐치처럼 껍질을 벗겨야 한다. 죽으면 신선도가 급격히 떨어진다.

## 꼬치고기 *Sphyraena pinguis* Günther

[꼬치고기과]

◆영명 / Red barracuda ◆일명 / アカカマス (aka-kamasu)
◆중명 / 油魣 (yóu-yú)

◆전장 / 30cm
◆분포 / 제주도를 포함한 남해와
서해 남부, 일본 중부 이남, 남
중국해
◆이용 / 회, 소금구이, 탕

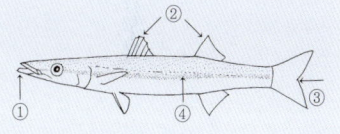

**특징**⇒ ① 주둥이는 매우 길고 뾰족하며, 아래턱이 위턱보다 길다. ② 등지느러미는 2개가 분리되어 있고, ③ 꼬리지느러미 뒤 가장자리는 안쪽으로 깊게 패어 있다. 등지느러미와 꼬리지느러미는 연한 노란색을 띤다. ④ 체측 중앙에 암갈색 또는 갈색의 희미한 세로줄 무늬가 있다. 몸의 등 쪽은 약간 붉은색을 띤 갈색이고, 배는 은백색이다. 유사종으로는 창꼬치(*S. obtusata*)가 있다.

**생태**⇒ 얕은 바다의 모래가 많은 곳에 서식하며, 산란기는 6~7월이다.

**이용**⇒ 흰살 생선으로 맛이 담백하다. 수분이 많으므로 배를 갈라 내장을 빼고 말려서 구워 먹는다. 말리는 동안 수분이 빠지면서 살이 단단해지고 맛도 더욱 좋아진다.

# 갈치 *Trichiurus lepturus* Linnaeus [갈치과]

◆영명 / Pacific cutlass fish ◆일명 / タチウオ(tachiuo)
◆중명 / 帶魚(dài-yú), 刀魚(dāo-yú)

◆전장 / 1.5m
◆분포 / 서해와 남해, 세계의 온대와 열대 해역
◆이용 / 회, 소금(양념)구이, 조림, 찜

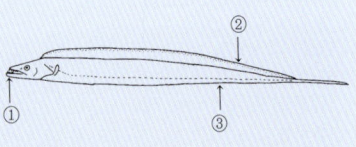

**특징**⇒ ① 머리는 작고 주둥이는 뾰족하며, 아래턱이 위턱보다 돌출되었다. 양턱에는 다수의 강한 이가 있다. ② 등지느러미는 머리 뒤에서 꼬리부까지 길게 이어지고, 기조 수는 131~140연조이다. ③ 뒷지느러미도 기저부가 길고, 기조 수는 2극조 92~106연조이다. 배지느러미와 꼬리지느러미는 없고, 꼬리 끝은 뾰족하다. 몸은 전체가 금속성 광택을 띤 은색이며, 이 색깔은 쉽게 벗겨진다. 유사종으로는 붕동갈치(*Assurger anzac*), 분장어(*Eupleurogrammus muticus*), 동동갈치(*Evoxymetopon taeniatus*)가 있다.

**생태**⇒ 외해의 저층부에 서식하고, 밤에는 표층으로 상승한다.

**이용**⇒ 기름이 도는 여름철에 맛이 좋으며, 조림으로 이용할 때에는 한 번 튀겨서 조리하면 살이 흐트러지지 않아서 좋다. 작은 것은 말려서 구워 먹는다.

🔵 갈치 건어물(전북 곰소항)

🔵 갈치조림

🔵 갈치구이

❖ **풀치**

갈치보다 풀치가 더 맛있다는 사람이 있는데, 사실 풀치와 갈치는 같은 생선이다. 풀치는 어린 갈치를 줄줄이 엮어 통째로 말린 것을 말한다. 이것은 크기가 작기 때문에 그대로 잘게 토막 내어 조미료를 넣어서 마른 반찬으로 만들어, 거의 뼈째 먹을 수 있는 생선이다. 풀치로 유명한 곳은 전북 부안군에 있는 곰소와 군산 해망동 어시장이다.

◎ 어선으로부터 갈치를 받는 상인들(제주특별자치도 서귀포)

## 꼬치삼치 *Acanthocybium solandri* (Cuvier)  [고등어과]

◆영명 / Bastard mackerel　◆일명 / カマスサワラ(kamasu-sawara)
◆중명 / 刺鮁(cì-bà)

◆전장 / 2.2m
◆분포 / 제주도, 세계의 열대 해역
◆이용 / 소금구이, 조림, 튀김

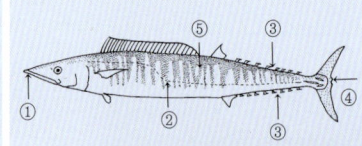

**특징⇒** ① 입이 크고 주둥이는 뾰족한 삼각형을 이룬다. ② 측선은 가슴지느러미 뒤에서 급격히 휘어져 내려와 미병부까지 이어진다. ③ 제2등지느러미와 뒷지느러미 뒤에 각각 8~9개의 작은 토막지느러미가 있다. ④ 꼬리지느러미 뒤 가장자리의 중심부에는 W자 모양의 돌출부가 있다. 등은 파란색이고, 배는 은백색을 띠며, ⑤ 몸을 가로지르는 줄무늬가 여러 개 있다.
**생태⇒** 표층성 유영 어류이다.
**이용⇒** 흰살 생선으로, 살이 부드러워 소금구이와 조림으로 적합하다.

## 몽치다래 *Auxis rochei* (Risso)　　　　　　　[고등어과]

◆영명 / Bullet mackerel　◆일명 / マルソウダ (marusôda)

◆중명 / 棱氏舵鰹 (léng-shì-duò-jiān), 舵鰹 (duò-jiān)

◆전장 / 55cm

◆분포 / 제주도를 포함한 남해와
동해, 일본 남부, 세계의 온대와
열대 해역

◆이용 / 조림, 양념구이

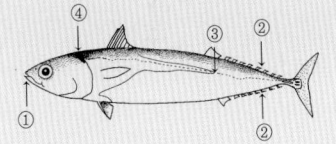

**특징**⇒ 몸은 방추형이며, ① 주둥이는 짧고 뾰족하다. ② 제2등지느러미와 뒷
지느러미 뒤에 각각 7~9개의 토막지느러미가 있다. ③ 몸에 비늘이 있는 부위
는 제2등지느러미의 전단부를 지난다. 등은 암청색이고, 배는 은백색이다. ④
아가미뚜껑 위의 암청색 반점은 등 쪽의 암청색 반점과 이어진다. 유사종으로
는 물치다래(*A. thazard*)가 있다.

**생태**⇒ 연안의 표층성 어류이며, 무리를 지어 다닌다.

**이용**⇒ 살은 붉고 비린내가 강하며 신선도가 쉽게 떨어진다. 회로 먹으면 식중
독을 일으킬 위험이 있으므로 구워서 먹는 것이 좋다.

# 가다랑어 *Katsuwonus pelamis* (Linnaeus) [고등어과]

◆영명 / Oceanic bonito, Skipjack  ◆일명 / カツオ(katsuo)
◆중명 / 鰹(jiān)

◆전장 / 1.2m
◆분포 / 제주도를 포함한 남해, 세계의 온대와 열대 해역
◆이용 / 회, 조림, 양념구이, 다랑어포

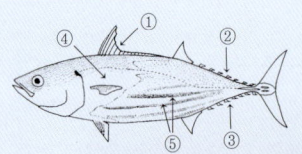

**특징**⇒ ① 제1등지느러미의 제4~6기조의 길이가 급격히 짧아져서 안쪽으로 둥글게 함입된다. ② 제2등지느러미 뒤에 8개, ③ 뒷지느러미 뒤에 6~7개의 토막지느러미가 있다. ④ 눈 뒤와 가슴지느러미의 측선 부근에는 비늘이 없다. 등은 암청색이고, 배는 은백색 바탕에 ⑤ 4~5개의 암청색 세로줄 무늬가 있다.

❂ 가다랑어회

**생태**⇒ 연안의 표층성 어류로 무리를 지어 다니며, 갑각류와 오징어류, 어류 등을 먹는다.

**이용**⇒ 살은 붉고 가열하면 단단해지므로 익히면서 먹거나 국물의 맛이 잘 스며들도록 충분히 조려 먹는다. 비린내가 나므로 조리를 할 때 생강을 이용한다.

## 줄삼치 *Sarda orientalis* (Temminck and Schlegel)　　　[고등어과]

◆영명 / Tunny albacore, Striped bonito　◆일명 / ハガツオ(hagatsuo)

◆중명 / 東方狐鰹 (dōng-fāng-hú-jiān)

◆전장 / 1m

◆분포 / 남해 서부, 일본 남부,
　인도양, 태평양

◆이용 / 회, 조림, 샐러드, 탕

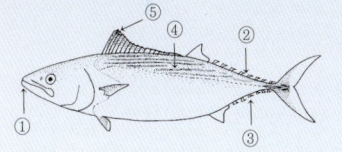

**특징**⇒ ① 턱과 구개골에 강한 이가 있다. ② 제2등지느러미 뒤에 7~8개, ③ 뒷지느러미 뒤에 6~7개의 토막지느러미가 있다. 몸의 등 쪽은 연한 파란색 바탕에 ④ 6개의 암청색 세로줄 무늬가 있고, 배는 은백색이다. ⑤ 제1등지느러미 전반부의 위쪽은 어두운 색을 띤다.

**생태**⇒ 연안의 표층성 어류이며 무리를 지어 다닌다.

**이용**⇒ 신선한 것은 회로 먹어도 좋으나, 선어 상태보다는 가공용으로 많이 이용된다. 오래 되면 약품 냄새가 나므로 신선할 때 피를 제거하는 것이 좋다.

# 망치고등어 *Scomber australasicus* Cuvier [고등어과]

◆영명 / Slimy mackerel  ◆일명 / ゴマサバ (gomasaba)
◆중명 / 濠洲鮐 (háo-zhōu-tái), 狹頭鮐 (xiá-tóu-tái)

◆전장 / 50cm
◆분포 / 제주도를 포함한 남해, 태평양 남서부에서 동부에 이르는 해역
◆이용 / 조림, 구이, 통조림, 회

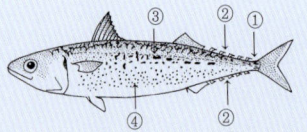

**특징⇒** ① 몸은 미병부가 매우 낮은 전형적인 방추형이다. ② 제2등지느러미 뒤와 뒷지느러미 뒤에 각각 5개의 토막지느러미가 있다. 등은 파란색 바탕에 암청색의 얼룩무늬가 있고, ③ 체측 중앙에 아령 모양의 무늬가 일렬로 세로줄 무늬를 이룬다. 배에는 은백색 바탕에 ④ 작은 암청색 반점들이 흩어져 있다. 유사종으로는 고등어(*S. japonicus*)가 있다.

**생태⇒** 연안의 표층성 어류로, 큰 무리를 이루어 회유한다. 고등어보다 비교적 따뜻한 수온에 서식한다.

**이용⇒** 식용으로 이용하는 방법은 고등어와 동일하지만 맛은 고등어에 비해 떨어지는 편이다. 그러나 고등어는 여름철에 맛이 다소 떨어지지만, 망치고등어는 일년 내내 맛의 변화가 없다. 지방은 고등어보다 적다.

## ❖ 등 푸른 생선 고등어

고등어와 망치고등어는 형태적으로 거의 비슷한데, 배의 얼룩무늬의 유무에 따라 구분된다. 즉, 고등어는 몸의 하반부가 균일하게 은백색을 띠는 데 비해 망치고등어는 가슴지느러미 앞에서 꼬리지느러미 앞까지 이어지는 체측 중앙에 아령 모양의 무늬가 일렬로 배열되어 있고, 배

◆ 고등어조림

에는 은백색 바탕에 암청색 반점들이 흩어져 있다.

고등어는 국내외에서 중요한 수산 자원이며, 고혈압 등의 성인병 예방에 효과가 있는 것으로 알려졌다. 이른바 대표적인 '등 푸른 생선'으로서 불포화 지방산인 EPA(eicosapentaenoic acid)와 DHA(docosahexaenoic acid)의 함유량이 꽁치나 정어리보다 더 풍부하다.

붉은 살은 지방이 많아서 부드럽고, 특히 가을철 고등어는 지방이 많이 축적되어 있어서 맛이 더욱 좋다. 또, 고등어의 육질에는 맛을 좋게 해 주는 아미노산이나 이노신산 등이 많이 함유되어 있는데, 어획 후 보존 상태가 좋지 않으면 이 성분들이 급속히 분해되어 맛이 떨어진다. 고등어의 살은 내부에 있는 소화 효소의 작용으로 쉽게 변질되고, 유해한 히스타민도 발생한다.

따라서, 예부터 자반 고등어 구이, 조림 등으로 만들어 먹으며, 고등어를 원료로 한 통조림이 많이 이용되기도 한다. 간혹 갓 잡은 싱싱한 고등어는 회로 먹기도 한다. 그러나 고등어의 근육에는 '아니사키스'라고 하는 기생충이 있어서 구토나 복통을 일으킬 수 있고, 심하면 피를 토하게 된다. 그러므로 날것을 먹는 것은 삼가는 것이 좋다.

최근에는 등 푸른 생선에 함유된 DHA가 치매 예방에 효과가 있다는 연구 보고도 나오고 있어서, 식품으로서의 고등어의 이용 가치는 더욱 증가할 전망이다.

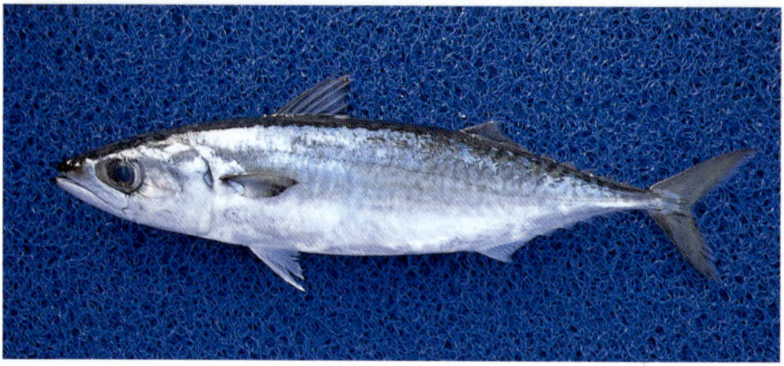

## 고등어 *Scomber japonicus* Houttuyn [고등어과]

◆영명 / Chub mackerel ◆일명 / マサバ (masaba)
◆중명 / 鮐魚 (tái-yú), 青花魚 (qīng-huā-yú)

◆전장 / 50cm
◆분포 / 우리 나라 전 해역, 세계의 아열대와 열대 해역
◆이용 / 조림, 구이, 통조림, 회

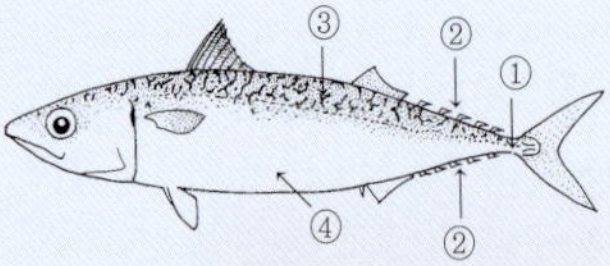


**특징⇒** ① 몸은 미병부가 매우 낮은 전형적인 방추형이다. ② 제2등지느러미와 뒷지느러미 뒤에 각각 5개의 토막지느러미가 있다. 등은 연한 파란색 바탕에 ③ 암청색 얼룩무늬가 있고, ④ 배는 은백색으로 망치고등어와 달리 암청색 반점이 없다.

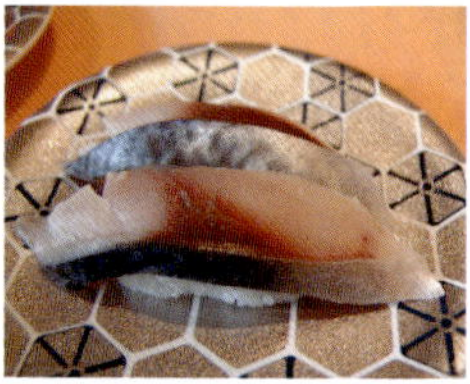
고등어초밥

**생태⇒** 연안의 표층성 어류이며, 큰 무리를 지어 다닌다.

**이용⇒** 소금을 뿌려 두었다가 굽거나 무를 넣어 조림 등으로 만들어 먹는데, 가장 일반적인 고등어 요리는 자반 고등어 구이이다. 익히거나 구울 때에는 식초를 첨가하고, 끓일 때에는 생강, 파 등을 사용하면 등 푸른 생선 특유의 비린내를 없앨 수 있다.

## 평삼치 *Scomberomorus koreanus* (Kishinouye) [고등어과]

◆영명 / Korean mackerel ◆일명 / ヒラサワラ(hira-sawara)

◆중명 / 朝鮮馬鮫(cháo-xiǎn-mǎ-jiāo)

◆전장 / 1.6m
◆분포 / 서해 남부와 남해, 일본 남부, 인도양, 서태평양의 온대와 열대 해역
◆이용 / 회, 조림, 소금(양념)구이

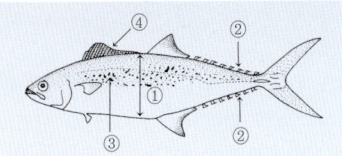

**특징**⟹ ① 몸은 길고 체고가 낮은 방추형이다. ② 제2등지느러미와 뒷지느러미 뒤에 각각 7~9개의 토막지느러미가 있다. 등은 푸른색을 띠고, 체측에는 연한 은청색 바탕에 ③ 푸른색 둥근 반점들이 흩어져 있다. 배는 은백색을 띤다. ④ 등지느러미의 극조부는 흑갈색을 띤다.

**생태**⟹ 연근해의 표층에서 생활한다.

**이용**⟹ 삼치와 섞여서 잡힌다. 흰살 생선으로, 신선한 것은 회로 이용한다. 비린내가 적으며, 양념장을 바르거나 소금을 뿌려 구워 먹는다.

# 삼치 *Scomberomorus niphonius* (Cuvier)

[고등어과]

◆영명 / Japanese mackerel ◆일명 / サワラ (sawara)

◆중명 / 藍点馬鮫(lán-diǎn-mǎ-jiāo), 日本馬鮫(rì-běn-mǎ-jiāo)

◆전장 / 1m
◆분포 / 제주도를 포함한 남해,
일본과 중국의 아열대 해역
◆이용 / 회, 조림, 소금구이

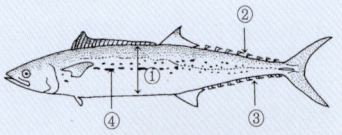

**특징**⇒ ① 몸은 길고 체고가 낮은 방추형이다.
② 제2등지느러미 뒤에 7~9개, ③ 뒷지느러미
뒤에 6~9개의 토막지느러미가 있다. ④ 체측
중앙과 뒷부분에는 회청색 반점이 세로줄 무늬
를 이룬다. 등지느러미는 약간 검고, 뒷지느러미
는 흰색을 띤다. 등은 파란색이고, 배는 은백색
이다.

◐ 삼치구이

**생태**⇒ 대륙붕과 연안의 표층에 서식하며, 산란기는 4~5월이다.

**이용**⇒ 흰살 생선으로, 신선한 것은 회로 이용한다. 비린내가 적어서 양념장을 바
르거나 소금을 뿌려 구워 먹는다. 겨울과 봄철에 맛이 가장 좋다.

## 날개다랑어 *Thunnus alalunga* (Bonnaterre)　　　[고등어과]

◆영명 / Albacore, Longfin tuna ◆일명 / ビンナガ(binnaga)

◆중명 / 長鰭金槍魚(cháng-qí-jīn-qiāng-yú)

◆전장 / 1.3m
◆분포 / 동해와 남해, 세계의 온
대와 아열대 해역
◆이용 / 양념구이, 스테이크, 통
조림

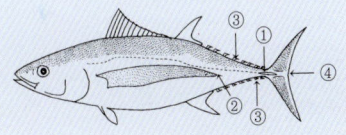

**특징**⇒ ① 미병부는 매우 낮고 가늘며, 양측에 날카로운 융기선이 있다. ② 가
슴지느러미가 매우 길어서 그 후단은 토막지느러미의 전반부에 이른다. ③ 제2
등지느러미와 뒷지느러미 뒤에 각각 7~8개의 토막지느러미가 있다. ④ 꼬리지
느러미 뒤 가장자리는 흰색을 띤다. 등은 암청색이고, 배는 은백색을 띤다.

**생태**⇒ 외양의 표층에 서식한다. 우리 나라에는 봄과 여름에 동해에 북상했다
가 가을에 남하한다.

**이용**⇒ 살은 연한 분홍색으로 다랑어류 가운데서는 흰 편이다. 회와 초밥의 재
료로 이용되기도 하지만, 참다랑어에 비해 살이 지나치게 부드러워 횟감으로보
다는 구이가 좋다. 열을 가하면 흰색으로 변하고, 가열했을 때 살이 단단해지지
않으므로 스테이크 요리에 적합하다.

## 황다랑어 *Thunnus albacares* (Bonnaterre) [고등어과]

◆영명 / Yellowfin albacore ◆일명 / キハダ(kihada)
◆중명 / 黃金槍魚(huáng-jīn-qiāng-yú)

◆전장 / 2m
◆분포 / 제주도를 포함한 남해, 세계의 온대와 열대 해역
◆이용 / 회, 조림, 초밥, 소금구이, 통조림

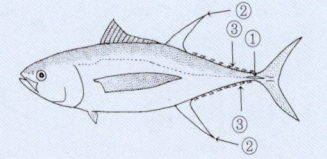

**특징**⇒ ① 미병부는 매우 낮고 가늘며, 양측에 날카로운 융기선이 있다. ② 등지느러미의 연조부와 뒷지느러미가 비교적 길고, ③ 제2등지느러미와 뒷지느러미 뒤에 각각 8~9개의 토막지느러미가 있다. 등지느러미와 뒷지느러미는 노란색을 띤다. 등은 암청색이고, 배는 은백색을 띤다.

**생태**⇒ 외양의 표층에 서식한다. 부화한 지 2년이 지나면 전장 1m까지 자라서 어미가 된다.

**이용**⇒ 엷은 붉은색을 띤 생선으로, 지방이 적고 맛이 담백하다. 회로 먹어도 좋고 양념을 넣어 삶아 먹어도 좋다. 미국에서는 주로 통조림으로 이용된다.

## 눈다랑어 *Thunnus obesus* (Lowe) [고등어과]

◆영명 / Big eye tuna ◆일명 / メバチ(mebachi)

◆중명 / 大眼金槍魚(dà-yǎn-jīn-qiāng-yú), 副金槍魚(fù-jīn-qiāng-yú)

◆전장 / 2.5m
◆분포 / 제주도를 포함한 남해, 세계의 온대와 열대 해역
◆이용 / 회, 초밥, 탕

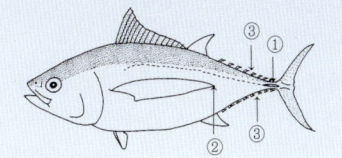

**특징⇒** ① 미병부는 매우 낮고 가늘며, 양측에 날카로운 융기선이 있다. ② 가슴지느러미는 등지느러미 연조부의 후단에 이른다. ③ 제2등지느러미와 뒷지느러미 뒤에 각각 8~9개의 토막지느러미가 있다. 등은 암청색이고, 배는 은백색을 띤다.

**생태⇒** 외양의 표층에서 수심 400m의 깊이에 서식한다.

**이용⇒** 다랑어류 가운데 참다랑어 다음으로 맛이 좋고 횟감이나 초밥의 재료로 많이 이용된다. 뼈와 꼬리 부분은 마늘을 넣고 탕을 끓이면 별미이다.

# 참다랑어 *Thunnus orientalis* (Temminck and Schlegel)　[고등어과]

◆영명 / Bluefin tuna　◆일명 / クロマグロ(kuromaguro)

◆중명 / 金槍魚(jīn-qiāng-yú), 藍鰭金槍魚(lán-qí-jīn-qiāng-yú)

◆전장 / 3m
◆분포 / 동해와 남해, 태평양과 대서양의 온대와 열대 해역
◆이용 / 회, 초밥, 소금구이, 통조림

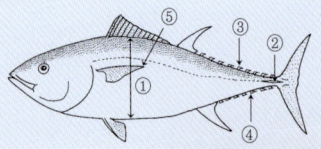

**특징**⇒ ① 몸은 체고가 약간 높은 방추형이다. ② 미병부는 매우 낮고 가늘며, 양측에 날카로운 융기선이 있다. ③ 제2등지느러미 뒤에 8∼9개, ④ 뒷지느러미 뒤에 7∼8개의 토막지느러미가 있다. ⑤ 가슴지느러미는 짧아서 그 후단은 등지느러미 극조부의 중간에 이른다. 등은 파란색이고, 배는 은백색을 띤다. 유사종으로는 날개다랑어(*T. alalunga*), 황다랑어(*T. albacares*), 눈다랑어(*T. obesus*), 백다랑어(*T. tonggol*)가 있다.

◑ 다랑어초밥

**생태**⇒ 외양성 어류이지만 어린 개체들은 연안에도 출현한다.

**이용**⇒ 다랑어류 중에서 가장 맛이 있으며, 회와 초밥 등으로 입맛을 돋운다.

## ❖ 3월 7일은 참치 먹는 날

인터넷 검색을 하던 중 '3월 7일은 참치 먹는 날'이란 문구를 보았다. 내용을 살펴보니, 해양수산부에서 대대적인 참치 소비 촉진 활동을 위해 매년 3월 7일을 참치의 날로 정했다는 것이다.

'참치는 등 푸른 생선의 대명사로 DHA와 EPA, 셀레늄을 많이 함유하고 있어 영양적 가치가 매우 높고, 성장기 어린이의 두뇌 발육에 우수한 식품'이란 말도 덧붙였다. 요즈음 햄버거나 인스턴트 식품에 지나칠 정도로 의존하고 있는 어린 세대들의 건강을 위해서 3월 7일뿐만 아니라 평소에도 많이 먹도록 권장하고 싶은 식품이다.

참치는 고등어과에 속하는 물고기로 다랑어라고도 한다. 우리 나라에 참다랑어, 날개다랑어, 백다랑어, 황다랑어, 눈다랑어, 가다랑어, 점다랑어(*Euthynnus affinis*) 등이 있는데, 보통 참치 또는 다랑어라고 하면 참다랑어를 말한다. 참다랑어는 다랑어 중의 다랑어로 가장 맛이 있으며, 값이 비싼 물고기이다. 어미의 전장이 3m나 되고, 몸무게도 300kg 이상이며, 경골어류 가운데서는 초대형 어류이다. 다른 다랑어류에 비해 가슴지느러미가 짧은 것이 특징이다.

참다랑어는 단백질과 지방, 비타민은 물론 DHA와 EPA, 동맥경화를 예방하는 것으로 알려진 셀레늄, 간기능을 강화시키고 혈액 속의 콜레스테롤을 감소시키는 타우린도 많이 포함되어 있다.

보통은 외해를 회유하다가 봄과 여름 사이에 산란기가 되면 무리를 지어 연안 가까이로 온다. 외양에서는 새치류와 함께 먹이 사슬의 최상위에 위치한 육식 물고기이다.

❍ 참다랑어(일본 홋카이도 하코다테 어시장)

## 황새치 *Xiphias gladius* Linnaeus [황새치과]

◆영명 / Broadbill, Common swordfish ◆일명 / メカジキ(mekajiki)
◆중명 / 劍魚(jiàn-yú), 旗魚(qí-yú)

◆전장 / 4.5m
◆분포 / 제주도를 포함한 남해, 세계의 온대와 열대 해역
◆이용 / 구이, 통조림, 어묵

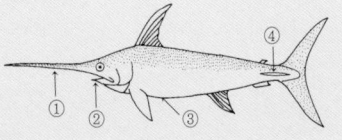

**특징⇒** ① 위턱은 새의 부리처럼 전방으로 길게 뻗어 있고, ② 아래턱은 짧아서 그 끝은 눈의 약간 앞쪽에 이른다. ③ 이 종의 특징은 배지느러미가 없는 점이다. ④ 미병부의 양측에는 1개씩 강한 융기선이 있다. 등은 암갈색이고, 배는 회백색을 띤다. 경골어류 가운데 최상위 포식자이며, 때때로 상어도 공격하는 것으로 알려져 있다. 유사종으로는 청새치(*Tetrapturus audax*), 돛새치(*Istiophorus platypterus*), 백새치(*Makaira indica*), 녹새치(*M. mazara*)가 있다.
**생태⇒** 외양의 표층에서 유영 생활을 한다.
**이용⇒** 살은 지방이 많고 부드러워 횟감보다는 구이용으로 적당하다.

## ❖ 주둥이가 긴 새치류

흔히 새치류로 일컬어지는 황새치과의 물고기는 세계적으로 12종이 있고, 우리 나라에는 황새치를 비롯하여 녹새치, 청새치, 백새치, 돛새치 등 5종이 있다.

◐ 녹새치

과명이 'billfishes(부리가 긴 물고기)'로 위턱이 황새의 부리 모양으로 길게 돌출되어 있다. 길게 돌출된 위턱은 아래턱의 4배에 달하는데, 이러한 뾰족한 주둥이는 투창과도 같은 인상적인 무기이며, 몸이 최대한 유선형을 이루어 가속도를 높이는 데 도움이 되는 구조이다.

◐ 청새치

이들 새치류는 긴 위턱을 사용하여 고등어나 정어리의 무리를 흩어지게 하고, 먹이를 쳐서 동작이 둔해지게 한 다음 잡아먹는

◐ 돛새치

다. 보통 때는 해면 가까이에서 헤엄치지만, 때로는 수심 500m 이상 내려가서 먹이 떼를 쫓기도 한다.

새치류 가운데 황새치는 미병부에 융기선이 2개 있어서 융기선이 1개인 청새치 등의 다른 새치류와 구분되고, 또 다른 새치류에 비해 길게 뻗은 위턱이 편평한 검 모양이기 때문에 'swordfish'라는 영명을 가지고 있다. 검 모양의 주둥이에는 치상돌기가 있는데, 이것을 무기로 사용하는 것으로 추측된다. 어미의 전장은 4.5m, 몸무게는 500kg 이상이며, 전세계의 해역에 널리 분포한다. 우리 나라에서는 제주도 해역과 남해안에서 잡힌다.

## 연어병치 *Hyperoglyphe japonica* (Döderlein) [샛돔과]

◆영명 / Japanese butterfish ◆일명 / メダイ(medai)
◆중명 / 日本櫛鯧(rì-běn-zhì-chāng)

◆전장 / 90cm
◆분포 / 경북 울릉도, 동해 남부와 남해, 일본 홋카이도 이남
◆이용 / 소금구이, 튀김, 탕, 초밥

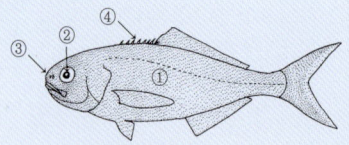

**특징**⇒ ① 몸은 긴 난형이다. ② 눈이 크고 눈 지름은 주둥이 길이와 비슷하거나 길다. ③ 눈 앞에서 주둥이에 이르는 외곽선은 아래로 둥글게 휘어졌다. 등지느러미는 극조부와 연조부가 이어지고, ④ 극조부는 매우 낮다. 몸은 회청색 바탕에 너비가 좁은 그물 모양의 파란색 줄무늬가 있다. 성장하면서 그물 모양의 줄무늬는 없어진다.

**생태**⇒ 따뜻한 바다의 깊은 곳에 서식한다.

**이용**⇒ 여름에는 약간 비린내가 나며, 겨울철에 맛이 좋다. 초밥의 재료로 이용할 때에는 소금을 조금 뿌려 하룻밤 놓아 두면 맛이 더욱 좋아진다.

## 샛돔 *Psenopsis anomala* (Temminck and Schlegel)     [샛돔과]

◆영명 / Butterfish　◆일명 / イボダイ(ibodai)

◆중명 / 刺鯧 (cì-chāng), 南鯧 (nán-chāng)

◆전장 / 20cm
◆분포 / 동해와 남해, 서해 남부,
　일본, 동중국해
◆이용 / 소금구이, 튀김

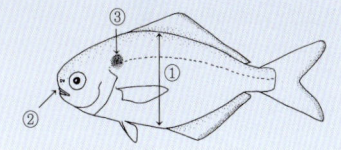

**특징**⇒ ① 몸은 체고가 약간 높은 난형이다. ② 주둥이는 둥글고, 입은 주둥이의 약간 아래쪽에 열린다. ③ 아가미뚜껑 뒤에 눈보다 크고 검은 점이 1개 있다. 등지느러미와 뒷지느러미, 꼬리지느러미의 가장자리는 검은빛을 띤다. 몸은 흰색을 띠고, 등은 연한 담갈색을 띤다.

**생태**⇒ 대륙붕의 저층에 서식하며, 요각류 등의 동물성 플랑크톤을 주로 먹는다.

**이용**⇒ 살은 희고 맛이 담백하며 가을에 가장 맛이 좋다. 피부에 미끈거리는 점액이 있어서 조림보다는 소금구이나 튀김으로 해 먹으면 좋다. 뼈와 내장을 발라 낸 다음 잘 말려서 구이로 이용한다.

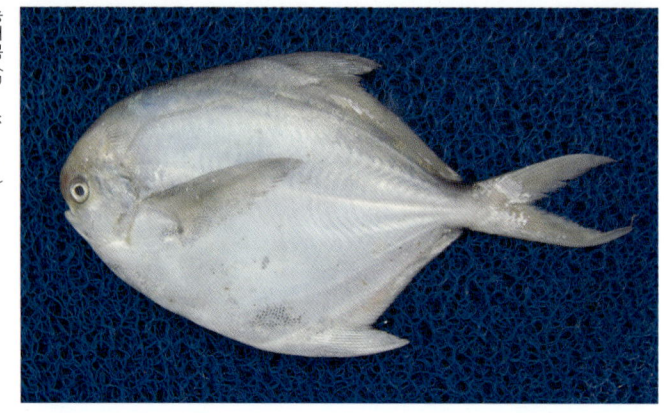

## 병어 *Pampus argenteus* (Euphrasen)

[병어과]

◆영명 / Silver pomfret　◆일명 / マナガツオ(managatsuo)

◆중명 / 銀鯧(yín-chāng), 鏡魚(jìng-yú)

◆전장 / 60cm

◆분포 / 서해와 남해, 일본 남부, 인도양

◆이용 / 회, 양념구이, 찜, 튀김

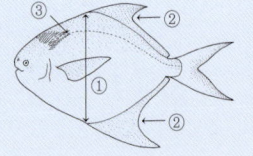

**특징**⇒ ① 몸은 중앙의 체고가 매우 높아 마름모꼴이다. ② 등지느러미와 뒷지느러미는 낫과 같이 안쪽으로 패어 있고, 배지느러미는 없다. ③ 측선이 시작되는 부위의 파도형 주름이 뒤쪽으로 이어져서 파도형 주름이 측선이 시작되는 부분에만 나타나는 덕대와 구분된다. 몸 전체가 금속성 광택을 띤 은백색이고, 비늘은 쉽게 벗겨진다. 유사종으로는 덕대(*P. echinogaster*)가 있다.

**생태**⇒ 대륙붕의 모래 · 개펄 바닥의 저층부에 서식한다.

**이용**⇒ 흰살 생선으로, 겨울철에 가장 맛이 좋다. 신선한 것은 깻잎과 마늘, 고추를 곁들여 회로 먹는 맛이 별미이다. 일본에서는 쇼와 천황의 궁중 요리를 할 때 병어로 자주 술 안주를 만들었다는 이야기가 전해진다.

# 덕대 *Pampus echinogaster* (Basilewsky)　　　[병어과]

◆영명 / Korean pomfret ◆일명 / コウライマナガツオ(kôrai-managatsuo)

◆중명 / 鎌鯧(lián-chāng)

◆전장 / 60cm
◆분포 / 서해와 남해, 동중국해
◆이용 / 회, 양념구이, 찜, 튀김

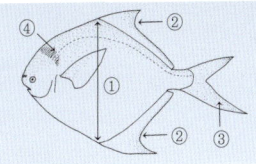

**특징**⇒ ① 몸은 중앙의 체고가 매우 높아 몸은 거의 마름모꼴이다. ② 등지느러미와 뒷지느러미는 낫과 같이 안쪽으로 패어 있다. 배지느러미는 없으며, ③ 꼬리지느러미 하엽은 매우 길다. ④ 파도형 주름이 측선이 시작되는 부분에만 나타난다. 몸 전체가 금속성 광택을 띤 은백색이고, 비늘은 쉽게 벗겨진다.

**생태**⇒ 대륙붕의 모래 · 개펄 바닥의 저층부에 서식하고, 산란기는 6월이다.

**이용**⇒ 흰살 생선으로, 겨울철에 가장 맛이 좋다. 신선한 것은 깻잎과 마늘, 고추를 곁들여 회로 먹는다.

## 넙치 *Paralichthys olivaceus* (Temminck and Schlegel) [넙치과]

◆영명 / Bastard halibut, Olive flounder　◆일명 / ヒラメ(hirame)
◆중명 / 褐牙鮃 (hè-yá-píng), 比目魚 (bǐ-mù-yú)

◆전장 / 1m
◆분포 / 우리 나라 전 연안, 쿠릴
　　열도, 일본, 남중국해
◆이용 / 회, 조림, 찜, 탕

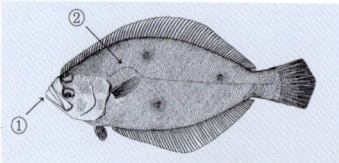

**특징**⇒ ① 턱이 크며, 양턱에 송곳니 모양의 강한 치열이 있다. ② 측선은 가슴지느러미 부근에서 둥글게 솟아오른다. 유안측은 황갈색 바탕에 흰색과 검은색의 작은 점들이 불규칙하게 흩어져 있다. 무안측은 흰색이다.
**생태**⇒ 수심 10~200m의 연안에 살며, 작은 무척추동물과 조개, 어류 등을 먹는다. 부화 후 3년이면 전장 40cm 이상 자라서 어미가 되고, 암컷의 성장이 수컷보다 빠르다.

○ 넙치회

**이용**⇒ 흰살 생선으로, 겨울철 산란 직전에 지방이 오른 살이 가장 맛이 있다. 등지느러미와 뒷지느러미가 붙은 부분의 근육은 지느러미 운동 때문에 탄력이 있어 특히 맛이 좋다. 우리 나라에서 조피볼락과 함께 대표적인 양식 어종이다.

## ❖ 좌광우도

'좌광우도' 라는 말은, '눈이 좌측에 있는 것은 광어, 우측에 있는 것은 도다리' 라는 뜻으로, 넙치와 가자미류를 쉽게 구분하기 위해 생겨난 말이다. 등을 위로 향하도록 놓았을 때, 넙치는 눈이 있는 쪽이 좌측을 향하고 가자미류는 우측을 향하게 되는데, 광어는 넙치, 그리고 도다리는 도다리를 포함한 가자미과의 어류를 의미한다.

이들 어류들이 포함되는 가자미목 어류는 부화 직후의 치어기 때는 보통 어류와 마찬가지로 눈이 좌우에 대칭으로 위치하지만, 자라면서 넙치는 좌측으로, 가자미류는 우측으로 돌아가 좌우 비대칭인 어류가 된다. 아래 그림과 같이 넙치와 문치가자미의 눈이 반대 방향을 향한다.

넙치는 야행성으로, 낮에는 모래 밑에서 눈만 내놓고 있다가 밤이 되면 먹이를 찾아 나선다. 주요 수산 자원으로 성장이 빨라서 대표적인 양식 어종이다. 일년 내내 어획되며, 흰살 생선으로 비린내가 없고 맛이 좋다. 자연산 넙치의 무안측의 색깔은 순백색인 데 비해 양식산 넙치는 흑갈색 반점이 나타난다.

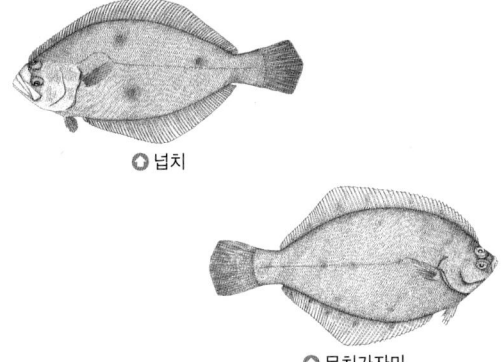

○ 넙치

○ 문치가자미

## 별넙치 *Pseudorhombus cinnamoneus* (Temminck and Schlegel) [넙치과]

◆영명 / Cinnamon flounder  ◆일명 / ガンゾウビラメ(ganzôbirame)
◆중명 / 桂皮斑魚(guì-pí-bān-píng)

◆전장 / 30cm
◆분포 / 서해와 남해, 일본 남부,
　　남중국해
◆이용 / 양념구이, 찜, 건어물

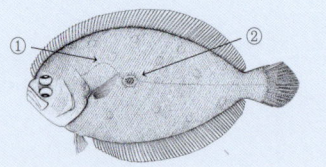

**특징**⇨ ① 측선은 가슴지느러미 부근에서 둥글게 솟아오른다. 유안측은 암갈색을 띠고, ② 몸 중앙의 약간 앞쪽에 동전 모양의 둥근 흑갈색 반점이 뚜렷하게 나타난다. 그 밖에도 여러 개의 윤곽이 뚜렷하지 않은 원형의 희미한 반점들이 있다. 무안측은 흰색이다.

**생태**⇨ 수심 30m 정도의 모래 · 개펄 바닥에 서식한다.

**이용**⇨ 넙치에 비해 작고 살도 많지 않아서 주로 건어물로 만들어 구이나 찜으로 이용한다.

## 줄가자미 *Clidoderma asperrimum* (Temminck and Schlegel) [가자미과]

◆영명 / Rough scale sole　◆일명 / サメガレイ(samegarei)
◆중명 / 粒鰈 (lì-dié), 鯊鰈 (shā-dié)

◆전장 / 45cm
◆분포 / 우리 나라 전 연안, 일
본, 사할린, 동중국해
◆이용 / 회, 구이

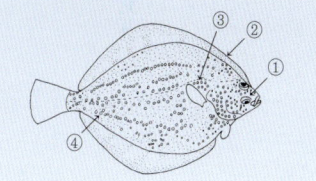

**특징**⇒ ① 두 눈 사이는 약간 융기되어 있다. ② 등지느러미는 눈 위에서 시작되어 미병부까지 길게 이어진다. ③ 측선은 가슴지느러미 위에서 완만하게 솟아오르고, 그 뒤쪽은 꼬리지느러미 앞까지 직선으로 이어진다. ④ 몸에 비늘은 없으나 유안측에는 작고 둥근 돌기물들이 몸 전체를 덮고 있다. 유안측은 진한 황갈색이다. 무안측은 자갈색을 띠고, 어린 개체는 흰색을 띠기도 한다.
**생태**⇒ 수심 100~1000m의 모래·개펄 바닥에 서식한다.
**이용**⇒ 살에 지방이 많아서 소금을 뿌려 말려서 요리하면 맛이 좋다.

# 물가자미 *Eopsetta grigorjewi* (Herzenstein)

[가자미과]

◆영명 / Round nose flounder, Shotted halibut　◆일명 / ムシガレイ(mushigarei)
◆중명 / 虫鰈(chóng-dié), 格氏虫鰈(gé-shì-chóng-dié)

◆전장 / 40cm
◆분포 / 우리 나라 전 연안, 일본
　홋카이도 이남, 타이완, 동중국해
◆이용 / 회, 조림, 찜

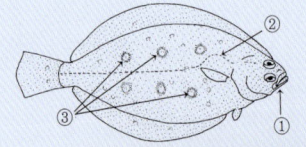

**특징⇒** ① 입이 크고, 위턱의 후단은 눈 중앙의
아래에 이른다. ② 측선은 가슴지느러미 위에서
높게 솟아오른다. 유안측은 갈색을 띠고 ③ 흑갈
색의 둥근 반점들이 측선 위아래에 각각 3개씩
있다.

○ 건어물

**생태⇒** 비교적 따뜻한 바다에 서식하며, 새우, 게
등의 갑각류와 오징어, 작은 어류 등을 먹는다.

**이용⇒** 살에는 수분이 약간 많은 편이지만, 소금을 뿌려 말린 후 이용하면 맛이
좋다.

## 기름가자미 *Glyptocephalus stelleri* (Schmidt)  [가자미과]

◆영명 / Korean flounder  ◆일명 / ヒレグロ(hireguro)

◆중명 / 斯氏美首鰈 (sī-shì-měi-shǒu-dié)

◆전장 / 45cm
◆분포 / 동해와 남해, 일본, 사할린, 동중국해
◆이용 / 양념구이, 튀김

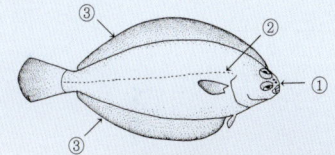

**특징**⇒ ① 주둥이가 짧고 입이 작다. 무안측에는 다수의 점액공이 있어서 몸의 표면이 미끄럽다. 측선은 몸의 중앙 부분에 위치하고 ② 가슴지느러미 부근에서 매우 낮게 솟아오른다. 유안측은 암갈색이고 윤곽이 뚜렷하지 않은 어두운 무늬가 있다. 무안측은 회백색이다. ③ 등지느러미와 뒷지느러미의 가장자리는 검은빛을 띤다.

**생태**⇒ 수심 40~700m의 해역에 광범위하게 서식하고, 여름철에 연안 가까이에 산란한다. 작은 조개류나 새우를 먹는다.

**이용**⇒ 살에 지방이 많으며, 가열하면 고기가 부스러진다. 가자미류 가운데 맛이 없어, 일본에서는 고양이조차 지나쳐 버린다는 뜻으로 '네코마타기' 라고도 한다.

257

## 홍가자미 *Hippoglossoides dubius* Schmidt

[가자미과]

◆영명 / Flathead flounder, Red halibut　◆일명 / アカガレイ(akagarei)

◆중명 / 大牙擬庸鰈 (dà-yá-nǐ-yōng-dié), 赤鰈 (chì-dié)

◆전장 / 45cm

◆분포 / 동해 중부 이북, 일본 북부, 사할린, 캄차카 반도

◆이용 / 회, 조림, 구이

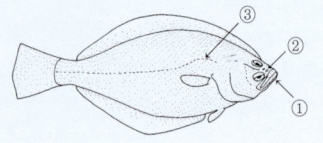

**특징⇒** ① 입이 크고, 눈의 뒤쪽까지 열린다. 양턱 위에 일렬의 이가 있다. ② 두 눈의 간격은 매우 좁고, 두 눈 사이에 비늘이 있다. ③ 측선은 가슴지느러미 뒤에서 낮게 솟아오른다. 유안측은 황적색을 띠고, 무안측은 흰색 바탕에 내출혈이 있는 것처럼 붉은빛을 띠는 것이 특징이다.

**생태⇒** 수심 200m 내외의 모래·개펄 바닥에 서식한다. 초여름에 얕은 곳에 와서 산란하고, 부화 후 8년 만에 전장이 약 20cm까지 자란다.

**이용⇒** 겨울철에 가장 맛이 좋고, 신선한 것은 회로 이용된다.

## 용가자미 *Hippoglossoides pinetorum* (Jordan and Starks) [가자미과]

◆영명 / Plaice, Pointhead flounder  ◆일명 / ソウハチ(sôhachi)
◆중명 / 棘氏高眼鰈 (jí-shì-gāo-yǎn-dié), 長脖 (cháng-bó)

◆전장 / 45cm
◆분포 / 동해, 일본, 사할린, 동중
  국해
◆이용 / 찜, 탕

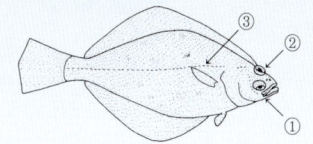

**특징**⇒ ① 입이 크고, 위턱의 후단은 눈의 중앙부 아래에 이른다. ② 위쪽 눈은 머리의 등쪽 외곽선 위에 위치한다. ③ 측선은 가슴지느러미 윗부분에서 거의 반듯하게 이어진다. 유안측은 진한 갈색을 띠고, 무안측은 흰색이다.

**생태**⇒ 수심 100~250m의 모래·개펄 바닥에 서식하며, 새우와 오징어, 어류를 먹는다.

**이용**⇒ 살은 독특한 냄새가 나서 조림이나 구이로 알맞지 않으며, 내장을 발라내고 말려서 식용으로 이용하면 좋다.

## 돌가자미 *Kareius bicoloratus* (Basilewsky)　　　　[가자미과]

◆영명 / Stone flounder　◆일명 / イシガレイ(ishigarei)
◆중명 / 石鰈(shí-dié), 石板(shí-bǎn)

◆전장 / 50cm
◆분포 / 우리 나라 전 해역, 일본, 사할린, 중국, 타이완 북부
◆이용 / 회, 초밥, 조림, 구이

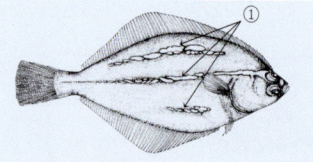

**특징**⇒ ① 유안측의 등과 배에 돌과 같이 단단한 돌기물이 있으며 비늘은 없다. 유안측은 황갈색 또는 진한 녹갈색이고, 무안측은 흰색을 띤다.

**생태**⇒ 수심 30~100m의 얕은 모래와 개펄 바닥에 서식하며, 게, 새우, 갯지렁이 등의 무척추동물과 소형 어류를 먹는다. 산란기는 12~2월이며, 수심 30m 미만의 내만에서 산란한다. 서해안에서 많이 잡힌다.

**이용**⇒ 가자미류 가운데 최고급으로, 씹히는 맛이 매우 좋은 흰살 생선이다. 냉동되지 않은 활어 상태로 이용된다. 어민들은 이 종을 '도다리' 라고 하며, 낚시 대상어로도 잘 알려져 있다.

## 찰가자미 *Microstomus achne* (Jordan and Starks) [가자미과]

◆영명 / Old woman flounder, Slime flounder ◆일명 / ババガレイ (babagarei)

◆중명 / 亞洲油鰈 (yà-zhōu-yóu-dié), 油鰈 (yóu-dié)

◆전장 / 60cm
◆분포 / 경북 울릉도를 포함한 동
  해와 남해(전남 목포), 일본, 사
  할린, 동중국해
◆이용 / 구이, 튀김, 조림, 찜

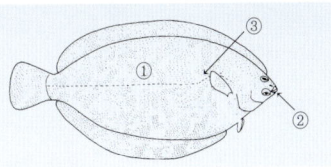

**특징**⇒ ① 몸은 난형이다. ② 입이 작고 입술이 두꺼우며, 무안측에 이가 발달
되어 있다. 비늘은 작고 피부 아래에 묻혀 있으며, 몸 표면에 점액질이 있다. ③
측선은 가슴지느러미 위에서 약간 높게 솟아오른다. 유안측은 황갈색 바탕에 노
란색의 둥근 반점들이 희미하게 나타나고, 무안측은 흰색을 띤다.

**생태**⇒ 수심 200m 정도의 모래·개펄 바닥에 서식한다.

**이용**⇒ 몸이 두껍고 표면에 점액질이 많다. 날것으로보다는 가열 조리하는 조
림이나 튀김으로 이용된다.

## 강도다리 *Platichthys stellatus* (Pallas) [가자미과]

◆영명 / Starry flounder, Great flounder ◆일명 / ヌマガレイ(numagarei)
◆중명 / 星斑鰈 (xīng-bān-dié)

◆전장 / 90cm
◆분포 / 동해 북부(함북 청진, 함남 원산), 일본 북부, 오호츠크 해, 베링 해
◆이용 / 조림, 양념구이, 튀김

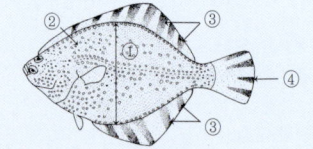

**특징**⇒ ① 몸은 중간의 체고가 높아 마름모꼴에 가깝다. 우리 나라의 가자미과 어류 가운데 유일하게 눈이 몸의 좌측에 있다. ② 유안측의 몸 표면에 동공 크기의 작은 돌기들이 열을 지어 있다. 유안측은 암녹색을 띠고, 무안측은 흰색이다. ③ 각 지느러미는 황갈색 바탕에 등지느러미와 뒷지느러미에 너비가 넓은 직선형의 굵고 검은 줄무늬가 5~9개 있다. ④ 꼬리지느러미에도 3~4개의 검은 세로줄 무늬가 있다.

**생태**⇒ 연안과 하천의 중류까지 서식한다.

**이용**⇒ 살에 수분이 많고, 가자미류 중에서 맛이 떨어지는 편이다.

유안측

무안측

### 참가자미 *Pleuronectes herzensteini* (Jordan and Snyder) [가자미과]

◆영명 / Brown sole, Small-mouth sole  ◆일명 / マガレイ (magarei)

◆중명 / 尖吻黄盖鰈 (jiān-wěn-huáng-gài-dié), 赫氏黄盖鰈 (hè-shì-huáng-gài-dié)

◆전장 / 40cm
◆분포 / 동해와 남해, 일본, 사할
   린, 동중국해
◆이용 / 회, 조림, 찜

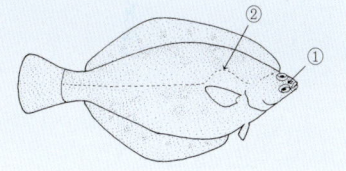

**특징**⇒ ① 두 눈 사이에 비늘은 없으며, 약간 융기되어 있다. ② 측선은 가슴지느러미 위에서 둥글게 솟아오르고, 그 뒤쪽은 반듯하게 꼬리지느러미 앞까지 이어진다. 유안측은 황갈색 바탕에 흰 점들이 불규칙하게 흩어져 있다. 무안측은 흰색이고, 살아 있을 때는 등지느러미와 뒷지느러미 기저부를 따라 노란 줄무늬가 나타난다. 무안측 지느러미는 무늬가 없이 반투명하다.

**생태**⇒ 수심 150m 이내의 바닥에 서식하며, 조개류와 새우를 먹는다.

**이용**⇒ 살은 쫄깃쫄깃하여 가자미과 어류 중에서 맛이 으뜸이다. 냉동하지 않은 활어 상태로의 이용도가 높으며, 여름철에 가장 맛이 좋다.

유안측

무안측

# 층거리가자미 *Pleuronectes punctatissimus* (Steindachner) [가자미과]

◆영명 / Long snout flounder, Sand flounder　◆일명 / スナガレイ(sunagarei)

◆중명 / 黃点仰鼻錐齒鰈 (huáng-diǎn-yǎng-bí-zhuī-chǐ-dié)

◆전장 / 30cm

◆분포 / 동해 중부 이북(강원도 속초, 주문진), 일본 북부, 오호츠크 해

◆이용 / 구이, 조림, 튀김

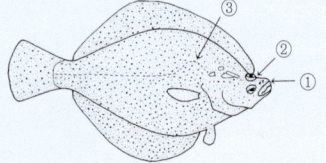

**특징**⇒ ① 입은 작고, 주둥이 끝이 위를 향해 돌출되어 있다. ② 눈 위의 등 쪽 외곽선은 오목하다. ③ 측선은 가슴지느러미 위에서 둥글게 솟아오른다. 유안측은 갈색 바탕에 모래알과 같은 흑갈색과 흰 점들이 흩어져 있다. 무안측은 흰색 바탕에 등과 배의 가장자리를 따라 노란색 줄무늬가 나타난다.

**생태**⇒ 수심 100m 미만의 모래 · 개펄 바닥에 서식하며, 여름철에 수심 50m 미만의 곳에 산란한다. 부화 후 3~4년 후에 전장 20cm 정도 자라 어미가 된다.

**이용**⇒ 살의 양이 많지 않고, 맛도 떨어지는 편이다.

## 점가자미 *Pleuronectes schrenki* (Schmidt)　　　[가자미과]

◆영명 / Crest head flounder
◆일명 / クロガシラガレイ (kurogashiragarei)

◆전장 / 50cm
◆분포 / 동해 중부 이북, 일본 중부 이북
◆이용 / 회, 구이, 조림, 찜

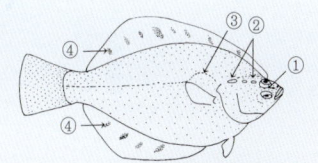

**특징**⇨ ① 두 눈 사이에 비늘은 없으며, ② 위쪽 눈 후방에 골질돌기가 있다. ③ 측선은 가슴지느러미 위에서 둥글게 솟아오르고, 그 뒤쪽은 반듯하게 꼬리지느러미 앞까지 이어진다. ④ 등지느러미와 뒷지느러미에 약간 어두운 반점들이 열지어 나타난다.

**생태**⇨ 수심 100m 이내의 바닥에 서식하며, 갑각류와 조개류를 먹는다. 어획량이 많지 않다.

🔅 점가자미찜

**이용**⇨ 다른 가자미과 어류와 마찬가지로 주로 회나 구이로 이용된다.

## 문치가자미 *Pleuronectes yokohamae* (Günther)

[가자미과]

◆영명 / Marbled sole ◆일명 / マコガレイ (makogarei)

◆중명 / 黃盖鰈 (huáng-gài-dié), 鈍吻黃盖鰈 (dùn-wěn-huáng-gài-dié)

◆전장 / 암컷 50cm, 수컷 30cm
◆분포 / 우리 나라 전 해역, 일본 홋카이도 이남, 동중국해
◆이용 / 회, 찜, 튀김

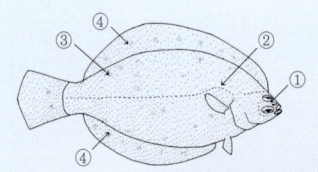

**특징**⇒ ① 두 눈 사이에 비늘이 있다. ② 측선은 가슴지느러미 위에서 반달형으로 둥글게 솟아오르고, 꼬리지느러미 앞까지 직선으로 이어진다. ③ 유안측은 갈색 바탕에 좀더 진한 흑갈색 반점들이 있고, 무안측은 흰색을 띤다. ④ 등지느러미와 뒷지느러미에 약간 어두운 반점들이 있으나 뚜렷하지 않다.

**생태**⇒ 연안에 서식하며, 주로 갯지렁이를 먹는다. 가자미과 어류 가운데 어획량이 가장 많은 어종이다.

**이용**⇒ 넙치와 달리 겨울철에는 맛이 떨어지고 여름철에 맛이 좋다.

## 도다리 *Pleuronichthys cornutus* (Temminck and Schlegel) [가자미과]

◆영명 / Fine-spotted flounder, Frog flounder  ◆일명 / メイタガレイ (meitagarei)
◆중명 / 角木叶鰈 (jiǎo-mù-yè-dié)

◆전장 / 30cm
◆분포 / 우리 나라 전 연안, 일본
　홋카이도 이남, 타이완, 중국해
◆이용 / 조림, 구이, 찜

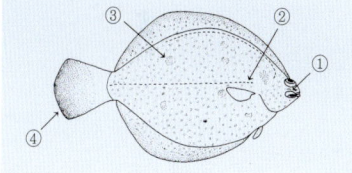

**특징**⇒ ① 두 눈 사이는 약간 융기되어 있다. ② 측선은 아가미구멍 뒤에서 꼬리지느러미 앞까지 반듯하게 이어진다. ③ 유안측은 연한 갈색 바탕에 진한 갈색 반점들이 몸 전체에 흩어져 있고, 이 반점들은 지느러미까지 이어진다. 무안측은 흰색이며, ④ 꼬리지느러미 후반부는 검은색을 띤다.

**생태**⇒ 수심 100m 미만의 모래·개펄 바닥에 서식하고, 작은 조개류와 갑각류를 먹는다.

**이용**⇒ 몸은 두껍고, 산란 전인 가을에 맛이 가장 좋다. 구워 먹거나 내장을 발라 내고, 소금 간을 해서 말려 두었다가 조림, 구이로 이용한다.

## 갈가자미 *Tanakius kitaharai* (Jordan and Starks) [가자미과]

◆영명 / Willowy flounder ◆일명 / ヤナギムシガレイ(yanagimushigarei)
◆중명 / 長鰈(cháng-dié)

◆전장 / 35cm
◆분포 / 제주도를 포함한 남해,
　일본 홋카이도 이남, 동중국해
◆이용 / 구이, 건어물

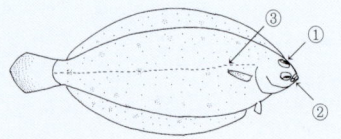

**특징⇒** ① 위쪽 눈은 머리의 등 쪽 외곽선 가까이에 위치한다. ② 입이 작고, 양 턱의 후단은 눈의 전반부 아래에 이른다. ③ 측선은 가슴지느러미 부근에서 약 간 위로 향하지만 거의 직선형에 가깝다. 유안측은 연한 갈색이고, 무안측은 흰 색을 띤다.

**생태⇒** 수심 400m 미만의 모래 · 개펄 바닥에 서식하며, 작은 갑각류와 이매패 류를 먹는다.

**이용⇒** 날것을 그대로 말려서 구이, 건어물로 이용한다.

유안측

무안측

# 노랑가자미 *Verasper moseri* Jordan and Gilbert [가자미과]

◆영명 / Barfin flounder ◆일명 / マツカワ(matsukawa)
◆중명 / 條斑星鰈 (tiáo-bān-xīng-dié), 摩氏星鰈 (mó-shì-xīng-dié)

◆전장 / 70cm
◆분포 / 동해, 남해(부산), 일본
 북부, 사할린
◆이용 / 회, 초밥, 조림, 찜

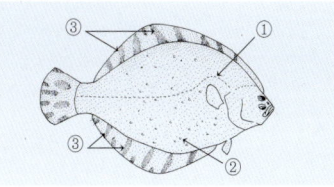

**특징**⇒ ① 측선은 가슴지느러미 위에서 반달형으로 둥글게 솟아오른다. ② 유안측은 암갈색 바탕에 작고 흰 점들이 흩어져 있고, 무안측은 등황색 또는 흰색 바탕에 약간 노란색을 띤다. ③ 등지느러미와 뒷지느러미에는 기부에서 가장자리까지 5~6개의 검은 줄무늬가 이어진다.

**생태**⇒ 수심 200m 이내의 모래·개펄 바닥에 서식하며, 게와 새우, 어류를 먹는다. 겨울철에 연안의 얕은 곳으로 와서 산란한다. 어획량이 많지 않다.

**이용**⇒ 고급 어종이며, 회와 초밥의 재료로 가자미과 어류 가운데 맛이 으뜸이다. 겨울철에 가장 맛이 좋다.

유안측

무안측

# 범가자미 *Verasper variegatus* (Temminck and Schlegel) [가자미과]

◆영명 / Spotted halibut  ◆일명 / ホシガレイ(hoshigarei)
◆중명 / 圓斑星鰈 (yuán-bān-xīng-dié)

◆전장 / 45cm
◆분포 / 우리 나라 전 해역, 일본
  홋카이도 이남, 동중국해
◆이용 / 회, 조림, 찜

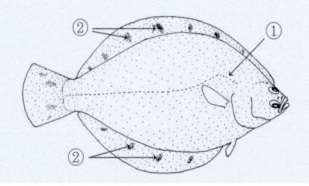

**특징**⟹ ① 측선은 가슴지느러미 위에서 둥글게 솟아오르고, 그 뒤쪽은 꼬리지느러미 앞까지 반듯하게 이어진다. 유안측은 진한 황갈색이고, 무안측은 흰색이다. ② 등지느러미와 뒷지느러미에 검은 반점이 배열되어 있으며, 노랑가자미의 반점에 비해 길이가 짧고 원형에 가깝다.

**생태**⟹ 수심 200m 미만의 모래 · 개펄 바닥에 서식하며, 갑각류와 조개류, 소형 어류 등을 먹는다. 산란기는 겨울철이고, 부유 생활을 하다가 전장이 3cm를 넘게 되면 저서 생활을 시작한다.

**이용**⟹ 고급 어종으로, 겨울에서 봄에 이르는 시기의 회가 가장 맛이 좋다.

## 각시서대 *Pseudaesopia japonica* (Bleeker)　　[납서대과]

◆영명 / Wavy-banded sole, Seto sole　◆일명 / セトウシノシタ (seto-ushinoshita)

◆중명 / 日本擬鰨(rì-běn-nǐ-tǎ)、日本擬條鰨(rì-běn-nǐ-tiáo-tǎ)

◆전장 / 15cm

◆분포 / 남해(부산, 전남 여수),
　일본 홋카이도 이남, 동중국해

◆이용 / 탕, 찜, 구이, 어묵

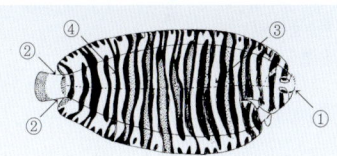

**특징**⟹ ① 주둥이 끝은 둥글고, 입은 주둥이 아래에 위치한다. ② 등지느러미와 뒷지느러미가 깊은 홈에 의해 꼬리지느러미와 분리되는 점으로써 유사종인 궁제기서대(*Zebrias zebrinus*), 노랑각시서대(*Z. fasciatus*)와 쉽게 구분할 수 있다. ③ 측선은 몸 중앙에 1개가 있다. ④ 유안측은 연한 황갈색 바탕에 머리와 몸 전체에 11~13쌍의 흑갈색 가로줄 무늬가 일정한 간격으로 배열되어 있다.

**생태**⟹ 수심 100m 정도의 모래 · 개펄 바닥에 서식한다.

**이용**⟹ 잡어로 취급되며, 주로 매운탕과 찜으로 이용된다.

271

## 노랑각시서대 *Zebrias fasciatus* (Basilewsky) [납서대과]

◆영명 / Many-banded sole ◆일명 / オビウシノシタ(obi-ushinoshita)
◆중명 / 花斑條鰨(huā-bān-tiáo-tǎ)

◆전장 / 25cm
◆분포 / 서해와 남해, 일본 남부, 동중국해
◆이용 / 탕, 찜, 구이, 어묵

**특징⇒** ① 주둥이 끝은 둥글고, 입은 주둥이 아래에 위치한다. ② 등지느러미와 뒷지느러미는 꼬리지느러미와 연결된다. ③ 유안측은 연한 황갈색 바탕에 몸 전체에 흑갈색 가로줄 무늬가 일정한 간격으로 배열되고, 무안측은 흰색을 띤다. 꼬리지느러미에는 검은색 바탕에 노란색이 섞여 있다. 유사종으로는 궁제기서대(*Z. zebrinus*)가 있다.

**생태⇒** 수심 100m 미만의 바닥에 서식하며, 작은 갑각류를 먹는다.

**이용⇒** 잡어로 취급되며, 주로 매운탕과 찜으로 이용된다.

유안측

무안측

## 흑대기 *Paraplagusia japonica* (Temminck and Schlegel) [참서대과]

◆영명 / Black cow tongue　◆일명 / クロウシノシタ(kuro-ushinoshita)
◆중명 / 日本須鰨(rì-běn-xū-tǎ)

◆전장 / 35cm
◆분포 / 우리 나라 전 연안, 홋카이도를 포함한 일본, 남중국해
◆이용 / 조림, 구이

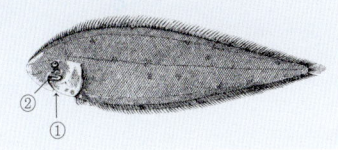

**특징**⇒ ① 주둥이 끝은 둥글고, 입은 뒷지느러미 앞에 위치하며 낫 모양으로 깊게 휘어 있다. ② 입 가장자리에 이끼 모양의 돌기물이 있다. 유안측은 진한 녹갈색 또는 다갈색 바탕에 작고 검은 점들이 흩어져 있고, 무안측의 몸은 흰색이지만 지느러미는 검은색을 띤다.

**생태**⇒ 내만이나 연안의 모래·개펄 바닥에 서식하며, 게, 새우 등의 갑각류와 조개를 먹는다.

**이용**⇒ 참서대과의 다른 어종과 같은 방법으로 이용하며, 맛은 다소 떨어지는 편이나 가을철에 맛이 좋다.

## 참서대 *Cynoglossus joyneri* Günther [참서대과]

◆영명 / Red tongue sole ◆일명 / アカシタビラメ(akashitabirame)

◆중명 / 焦氏舌鰨(jiāo-shì-shé-tǎ), 短吻舌鰨(duǎn-wěn-shé-tǎ)

◆전장 / 27cm
◆분포 / 서해와 남해, 일본 홋카
이도 이남, 중국해
◆이용 / 조림, 구이, 회

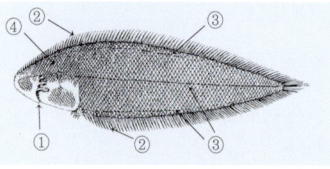

**특징**⇒ ① 주둥이 끝은 둥글고, 입은 눈 아래에서 배지느러미 쪽으로 심하게 굽어 있다. ② 등지느러미는 머리 위에서, 뒷지느러미는 아가미구멍 아래에서 각각 시작되어 꼬리지느러미까지 길게 이어진다. ③ 유안측에 3개의 측선이 있다. ④ 눈 뒤쪽에는 중앙의 측선을 수직으로 가로지르는 또 하나의 측선이 있다. 유안측은 적갈색이고, 무안측은 흰색을 띤다.

**생태**⇒ 내만의 수심 30m 미만의 바닥에 서식하며, 작은 새우와 게를 먹는다.

**이용**⇒ 흰살 생선으로, 맛이 좋으나 살이 많지 않으며, 조림에 적당하다. 살아 있을 때 적갈색을 띠고 긴 혓바닥과 같은 모양이어서, 일본명인 '아카시타비라메'는 소의 붉은 혀를 의미한다.

### ❖ 참서대과 어류

참서대과(Cynoglossidae)에 속하는 종은 세계적으로 3속 110종이 알려져 있으며, 우리 나라 연안에는 박대를 비롯하여 보섭서대(*Symphurus orientalis*), 흑대기, 참서대, 용서대(*Cynoglossus abbreviatus*), 개서대, 물서대(*C. gracilis*) 등 8종이 서식하고 있다.

그런데 어민들이 말하는 참서대과 어류의 명칭에는 다소 혼동이 있는 것으로 생각된다. 박대는 우리 나라의 참서대과 어류 가운데 가장 큰 어종으로 어미는 전장 70cm 이상 자라는 물고기이다. 그러나 서해안(전북 군산)의 대부분의 어민이나 일반인들은 이러한 박대를 '서대'로 부르고 있다. 한편, 서해안에서 박대와 함께 많이 잡히는 참서대과 어류에 참서대라는 종이 있다. 참서대는 다 자란 어미의 전장이 30cm를 넘지 않는 소형 어종인데, 어민들은 이 참서대와 박대의 이름을 바꾸어 사용하는 경향이 있다.

박대는 찜으로 요리를 하거나 껍질을 벗겨 말린 것을 양념구이로 해서 식용한다. 참서대과 어류 중에 역시 식용으로 많이 이용하는 종은 개서대이다. 껍질을 벗겨 말려서 요리하는데, 서해안과 남해안의 바닷가나 집 안뜰에서는 개서대의 껍질을 벗겨 말리고 있는 모습을 흔하게 볼 수 있다. 남해안에서는 참서대과 어류를 서대회 등으로 이용하며, 인기 있는 식품이다.

❀ 개서대 건어물

❀ 서대회무침

## 개서대 *Cynoglossus robustus* Günther

[참서대과]

◆영명 / Robust tonguefish　◆일명 / イヌノシタ(inunoshita)
◆중명 / 寬体舌鰨(kuān-tǐ-shé-tǎ), 牛舌(niú-shé)

◆전장 / 40cm
◆분포 / 제주도를 포함한 남해와
서해 중부 이남, 일본 남부, 남
중국해
◆이용 / 찜, 구이, 건어물

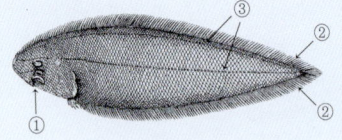

**특징**⇒ ① 입은 눈 아래에서 배지느러미 쪽으로 심하게 굽어 있다. ② 등지느러
미와 뒷지느러미는 꼬리지느러미와 연결되어 있다. ③ 유안측의 측선은 등과
몸 중앙에 각각 1개씩 2개가 있고, 비늘은 크다. 유안측은 적갈색 또는 황갈색
이고, 무안측은 흰색을 띤다.
**생태**⇒ 수심 20~115m의 모래 · 개펄 바닥에 서식하며, 참서대보다 큰 종이다.
**이용**⇒ 참서대과 어류 중에 식용으로 많이 이용하는 종이다. 육질은 좋지만 피
부가 단단하기 때문에 껍질을 벗긴 다음 말려서 찜이나 구이 등으로 요리한다.
참서대와 마찬가지로 모양이 혀를 닮았다 하여 'tonguefish(혀 모양의 물고기)'
라는 영명을 가지고 있다.

가자미목 (Pleuronectiformes)

# 박대 *Cynoglossus semilaevis* Günther [참서대과]

◆영명 / Tongue sole ◆일명 / カラアカシタビラメ(karaakashitabirame)
◆중명 / 半滑舌鰨(bàn-huá-shé-tǎ)

◆전장 / 70cm
◆분포 / 서해와 남해 서부, 동중
국해에서 발해만에 이르는 해역
◆이용 / 구이, 찜, 건어물

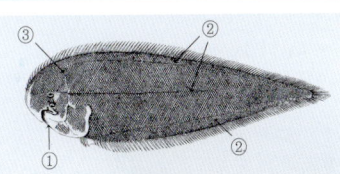

**특징**⇒ ① 주둥이 끝은 둥글고, 입은 뒷지느러미 앞에 위치하며 낫 모양으로 깊게 휘어 있다. ② 유안측에 뚜렷한 3개의 측선이 머리에서 꼬리 부분까지 이어지며, ③ 눈 뒤쪽에는 중앙의 측선을 수직으로 가로지르는 또 하나의 측선이 있다. 등 쪽의 측선과 몸 중앙의 측선 사이의 비늘 수는 25개 이상이다. 유안측은 진한 적갈색이고, 무안측은 흰색이다.

🔿 건어물

**생태**⇒ 연안의 모래와 개펄 바닥에 서식하며, 조개와 게, 갑각류를 먹는다.

**이용**⇒ 수산업적으로 중요한 식용어이다. 껍질을 벗겨 말린 것을 양념구이를 하여 식용하는데, 다른 물고기에서 맛볼 수 없는 독특한 맛이 있다.

## 쥐치 *Stephanolepis cirrhifer* (Temminck and Schlegel) [쥐치과]

◆영명 / Filefish, Porky ◆일명 / カワハギ (kawahagi)

◆중명 / 絲背細鱗魨 (sī-bèi-xì-lín-tún), 絲鰭粗單角魨 (sī-qí-cū-dān-jiǎo-tún)

◆전장 / 20cm

◆분포 / 경북 울릉도와 동해 중부 이남, 남해, 일본, 동중국해

◆이용 / 탕, 찜, 조림, 튀김, 건 어물(쥐포)

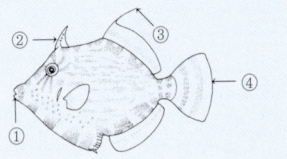

**특징**⇨ 몸은 마름모꼴로, ① 주둥이는 뾰족하고, 입은 그 끝에 작게 열린다. ② 등지느러미의 제1극조는 뿔 모양으로 크고 강하다. ③ 수컷은 연조부 제1기조가 실처럼 길게 신장되어 있다. ④ 꼬리지느러미 뒤 가장자리는 둥글다. 몸 색깔은 변이가 심하여 다갈색, 황갈색, 회갈색의 바탕색을 띠고, 불규칙한 흑갈색 세로줄 무늬들이 나타난다. 모든 지느러미는 노란색을 띤다.

**생태**⇨ 수심 100m 미만의 바위 지역에 무리를 지어 생활한다.

**이용**⇨ 흰살 생선으로, 지방이 적고 단백질이 많으며 씹히는 맛도 좋다. 가을에서 겨울 사이에 맛이 있고, 시원한 맛을 내므로 매운탕으로 요리해도 좋다.

## ❖ 쥐포

쥐포의 재료로 이용되는 물고기로 쥐치와 말쥐치가 있다. 몸은 좌우로 납작하고, 피부는 비늘이 변형된 가시들이 돋아 있어서 거칠다. 쥐치과의 물고기는 세계적으로 90종이 알려져 있으며, 우리 나라에는 12종이 있다.

딱딱한 살갗을 벗겨야 식용으로 이용할 수 있기 때문에 일본에서는 '가와하기(껍질을 벗기다)' 라고 하고, 오스트레일리아에서는 'leather jacket(가죽 점퍼)' 이라고 한다.

쥐치는 산호초와 바위 지역 또는 모래 지역에 다양하게 서식하며, 2~3마리가 다니거나 많은 수가 무리를 지어 다니기도 한다. 갑각류, 조개류, 갯지렁이 등을 먹고 사는 물고기로 낚시로도 잘 잡히는데, 낚싯바늘에 걸리면 단단한 이로 줄을 끊고 도망가거나 바늘에 달린 미끼만 슬쩍 따먹고 달아나 버린다. 이 때문에 낚시꾼들 사이에 '미끼 도둑'으로 일컬어지기도 한다.

가을에서 겨울 사이에 맛이 있고, 다른 생선에 비해 지방이 적고 단백질이 많으며 씹히는 맛도 좋다. 조림이나 튀김, 건어물로 이용되며 탕으로 먹어도 시원한 국물맛이 일품이다. 그러나 '시구아테라' 독이 있을 수 있으므로 먹을 때 주의해야 한다. 이 독은 와편모 조류인 *Gonyaluax* 를 잡아먹은 어류의 몸 속에 독이 농축되어 발생하게 된다.

쥐치와 비슷한 물고기로 말쥐치가 있다. 쥐치와 같은 방법으로 요리하나 맛은 쥐치보다 떨어지며, 쥐치나 복어류 대용으로 많이 이용된다.

❍ 쥐포

## 말쥐치 *Thamnaconus modestus* (Günther)　　　[쥐치과]

◆영명 / Black scraper, Filefish　◆일명 / ウマヅラハギ(umazurahagi)
◆중명 / 綠鰭馬面魨(lù-qí-mǎ-miàn-tún), 面包魚(miàn-bāo-yú)

◆전장 / 30cm
◆분포 / 우리 나라 전 연안, 일본, 남중국해, 남아프리카
◆이용 / 회, 소금(양념)구이, 조림, 탕, 건어물(쥐포)

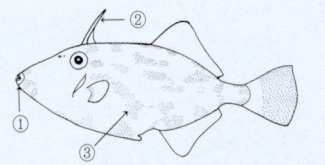

**특징**⇒ 몸은 긴 난형이고, ① 주둥이는 길며, 입은 그 끝에 작게 열린다. ② 등지느러미의 극조는 송곳처럼 강하게 발달하였고, 눈 위의 약간 뒤쪽에 위치한다. 비늘은 매우 작은 가시로 변형되어 피부는 거칠다. 몸 색깔은 변이가 심하여 회갈색 바탕에 ③ 흑갈색 무늬가 불규칙하게 흩어져 있고, 각 지느러미는 흑청색 또는 녹색을 띤다.

**생태**⇒ 연안의 저층에서 유영 생활을 하며, 플랑크톤과 부착 생물, 저서 생물을 먹는다.

**이용**⇒ 흰살 생선으로, 약간 질기고 맛은 쥐치보다 못하다. 주로 매운탕으로 이용되며, 가을에서 겨울에 맛이 좋다.

## 별복 *Arothron firmamentum* (Temminck and Schlegel)　　　[참복과]

◆영명 / Starry toad　◆일명 / ホシフグ(hoshifugu)

◆중명 / 瓣鼻魨(bàn-bí-tún)

◆전장 / 45cm

◆분포 / 제주도를 포함한 남해,
　일본 남부, 남중국해, 오스트레
　일리아, 남아프리카

◆이용 / 탕

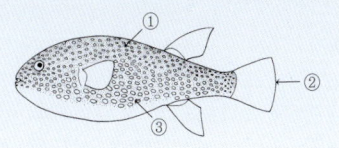

**특징**⇒ ① 피부는 작은 가시들이 돋아 있어 거칠다. ② 꼬리지느러미 뒤 가장자리는 약간 둥글다. 몸은 암청색 바탕에 ③ 동공보다 작고 흰 점들이 균일하게 흩어져 있으며, 배 쪽으로 갈수록 흰 점이 커지고 밝아진다.

**생태**⇒ 수심 100~400m의 수역에 서식하며, 복어류 가운데 가장 깊은 곳에 사는 종이다.

**이용**⇒ 식용으로는 적합하지 않으나, 제주도에서는 일부 복요리로 이용하기도 한다. 주로 매운탕으로 이용된다.

## 흑밀복 *Lagocephalus gloveri* Abe and Tabeta [참복과]

◆영명 / Dark rough-backed puffer  ◆일명 / クロサバフグ (kuro-sabafugu)
◆중명 / 克氏兔頭魨 (kè-shì-tù-tóu-tún), 暗鰭腹刺魨 (àn-qí-fù-cì-tún)

◆전장 / 40cm
◆분포 / 서해 남부와 제주도를 포함한 남해, 일본, 남중국해, 인도양
◆이용 / 건어물, 탕

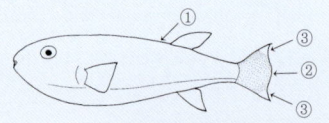

**특징**⇒ 등과 배의 피부는 작은 가시들이 돋아 있지만, ① 등지느러미 바로 앞에는 가시가 없어 매끈하다. 꼬리지느러미 뒤 가장자리는 양 끝이 뾰족하고, ② 중앙은 약간 둥글게 솟아 있어서 이중 만입형을 이룬다. ③ 꼬리지느러미 상엽과 하엽의 후단은 흰색을 띤다. 등은 검은색이고,

배는 금속성 광택을 띤 은백색이다. 유사종으로는 은밀복(*L. wheeleri*)이 있다.
**생태**⇒ 연안의 중층에서 유영 생활을 한다. 독이 있는 것과 없는 것이 해역에 따라 다르며, 특히 남중국해에 사는 것은 근육에 약한 독이 있는 것으로 알려져 있다. 한꺼번에 많은 양이 어획된다.
**이용**⇒ 말려서 요리에 이용한다.

## 은밀복 *Lagocephalus wheeleri* Abe, Tabeta and Kitahama　[참복과]

◆영명 / Green rough-backed puffer, Browfish, Chestnut puffer
◆일명 / シロサバフグ(shiro-sabafugu)
◆중명 / 怀氏兔頭魨 (huái-shì-tù-tóu-tún), 淡鳍腹刺魨 (dàn-qí-fù-cì-tún)

◆전장 / 30cm
◆분포 / 서해와 남해, 일본 중부
　이남, 타이완, 중국해
◆이용 / 건어물, 탕

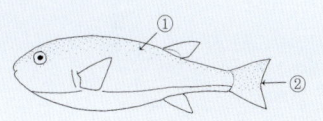

**특징**⇒ ① 등과 배의 피부는 작은 가시들이 돋아
있다. ② 꼬리지느러미 뒤 가장자리는 안쪽으로
둥글게 패어 있다. 꼬리지느러미의 위쪽은 노란
색, 아래쪽은 흰색을 띤다. 등은 어두운 녹갈색
이고, 배는 금속성 광택을 띤 은백색이다.

**생태**⇒ 산란장은 불분명하지만 치어, 자어는 외
양에서 부유 생활을 하고, 전장이 10cm 정도 되면 내만에서 생활한다. 근육과
피부, 정소에는 독이 없다.

**이용**⇒ 겨울철에 맛이 좋고, 말려서 요리에 이용한다.

## 황해흰점복 *Takifugu alboplumbeus* (Richardson)　[참복과]

◆일명 / コモンダマシ (komon-damashi)
◆중명 / 鉛点東方魨 (qiān-diǎn-dōng-fāng-tún)

◆전장 / 20cm
◆분포 / 서해 남부와 제주도를
　포함한 남해, 중국, 인도양
◆이용 / 탕

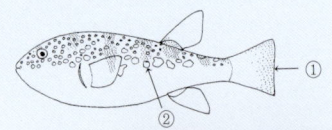

**특징**⇒ ① 꼬리지느러미 뒤 가장자리는 거의 반듯하다. ② 등은 갈색 바탕에 원형의 흰 점들이 배열되어 있고, 각각의 흰 점 안에 갈색 반점이 없는 점으로 흰 점 안에 갈색 반점이 있는 흰점복과 구분된다. 배는 흰색을 띤다.

**생태**⇒ 간장과 난소에 강한 독이 있고, 근육에도 독이 있다. 매우 적은 양이 잡힌다.

◑ 복매운탕

**이용**⇒ 식용으로는 적합하지 않으나 매운탕의 재료로 이용되기도 한다.

## 참복 *Takifugu chinensis* (Abe) [참복과]

◆영명 / Eyespot puffer ◆일명 / カラス(karasu)

◆중명 / 中華東方魨(zhōng-huá-dōng-fāng-tún), 假睛東方魨 (jiǎ-jīng-dōng-fāng-tún)

◆전장 / 60cm

◆분포 / 우리 나라 전 연안, 일본 서해안

◆이용 / 회, 탕, 찜

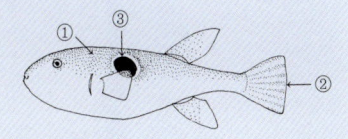

**특징⇒** ① 피부는 작은 가시들이 돋아 있어 거칠다. ② 꼬리지느러미 뒤 가장자리는 거의 반듯하다. ③ 가슴지느러미 뒤쪽에 크고 검은 반점이 있고, 그 주위는 흰색 테두리가 있다. 등은 검은색이고 배는 흰색을 띤다. 등지느러미와 꼬리지느러미는 검은색을 띠고, 뒷지느러미는 흰색을 띠지만 가장자리는 약간 어두운 색을 띤다. 가슴지느러미는 밝은 색을 띤다.

**생태⇒** 난소와 간장에는 강한 독이 있으나 근육과 피부, 정소에는 독이 없다.

**이용⇒** 껍질은 데쳐 먹으면 별미이다. 회로 먹을 때에는 살이 두꺼우면 맛이 떨어지므로 얇게 써는 것이 좋고, 회를 뜨고 남은 뼈는 탕요리로도 좋다. 맛이 좋은 고급 복어류이다.

## 복섬 *Takifugu niphobles* (Jordan and Snyder)  [참복과]

◆영명 / Grass puffer ◆일명 / クサフグ (kusafugu)
◆중명 / 星点東方魨 (xīng-diǎn-dōng-fāng-tún)

◆전장 / 25cm
◆분포 / 우리 나라 전 연안, 일본
홋카이도에서 오키나와에 이르
는 해역, 중국해
◆이용 / 구이, 탕

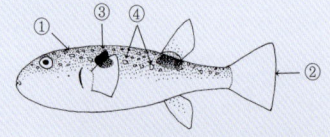

**특징**⇒ ① 피부에 작은 가시들이 돋아 있
다. ② 꼬리지느러미 뒤 가장자리는 약간
둥글다. ③ 가슴지느러미 상후방에는 크고
검은 반점이 있다. 등은 흑록색 바탕에 ④
동공 크기보다 작고, 둥근 흰 점들이 흩어
져 있으며, 배는 흰색이다.

**생태**⇒ 연안이나 기수역에 서식하고, 모래 속에 숨는 습성이 있다. 초여름에 무
리를 지어 해안으로 몰려와서 자갈 사이에 산란한다. 난소와 간장에는 강한 독
이 있고 근육과 정소에도 약한 독이 있다.

**이용**⇒ 복어류 중 소형종으로, 독이 강해서 식용으로 적합하지 않으나 우리 나
라에서는 내장을 발라 내고 말린 것을 매운탕으로 이용하기도 한다.

## ❖ 복어의 독

물고기의 독에 관해 생각할 때 가장 일반적인 것은 복어 독일 것이다. 복어를 식용으로 하는 나라는 우리 나라를 비롯하여 일본과 중국, 그리고 소수의 아프리카 국가에 불과하지만, 인류가 아주 오랜 옛날부터 먹어 온 물고기이다. 석기 시대의 패총에서 복어 뼈가 발견되고, 약 2천 년 전에 나온 중국의 「산해경(山海經)」이란 책에는 "복어를 먹으면 사람이 죽는다."는 기록도 남아 있다.

최근에는 보기 어려운 일이지만, 복어 전문 요리사 자격증 제도가 없었던 20여 년 전만 해도 복어 독에 의한 피해가 종종 있었다. '복어 한마리에 물 세 말' 이란 속담은, 복어의 혈액 속에 독이 있기 때문에 깨끗이 씻어 먹어야 한다는 데서 나온 말이다. 복어 독은 혈액과 생식소, 알, 근육에 포함되어 있으며, 주로 참복과의 어류에 많이 포함되어 있다. 그 성분은 테트로도톡신(tetrodotoxin)으로 알려져 있으며, 이 독은 강한 신경 독소로 말초 신경을 마비시킨다.

복어 독을 먹었을 때의 증상은, 처음에 입술과 혀끝이 마비되고, 손가락이 마비되며, 두통과 복통이 수반된다. 이어서 언어 장애와 호흡 곤란, 혈압 강하의 증상이 나타나면서 사망에 이르게 된다. 이러한 중독 증상은 보통 복어를 먹은 후 30분~4시간 사이에 나타나고, 중독 증상이 나타난 뒤 8시간 이상 생명을 유지하면 회복될 가능성이 있다. 따라서 복어를 먹은 후 중독 증상이 있으면 인공 호흡 등으로 호흡을 지속시키는 것이 가장 중요한 일이다.

복어를 안전하게 먹기 위해서는 복어 전문 요리점을 이용하고, 외국에서 들여온, 잘 알려지지 않은 복어를 집에서 요리해 먹는 일을 삼가야 한다.

우리 나라에서 식용으로 인기 있는 복어는 참복과의 자주복, 황복, 참복, 은밀복, 흑밀복 등이며, 주로 회와 찜, 탕으로 이용되고 있다. 같은 종류의 복어라도 개체에 따라 또는 계절에 따라 독의 강도에 차이가 있고, 복어끼리는 독성을 나타내지 않는다.

## 황복 *Takifugu obscurus* (Abe)　　　　　　　　[참복과]

◆영명 / River puffer　◆일명 / メフグ (mefugu)
◆중명 / 暗紋東方魨 (àn-wén-dōng-fāng-tún)

◆전장 / 45cm
◆분포 / 서해안, 동중국해
◆이용 / 찜, 탕

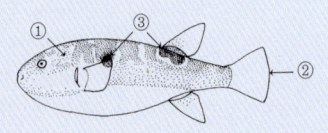

**특징⇒** ① 피부는 작은 가시들이 돋아 있어 거칠다. ② 꼬리지느러미 뒤 가장자리는 약간 둥글다. ③ 등지느러미 기부와 가슴지느러미의 상후방에 크고 검은 반점이 있다. 등 쪽은 흑갈색이고, 몸 중앙에 노란 세로줄 무늬가 있으며, 배는 흰색이다. 모든 지느러미는 밝은 색을 띤다.

**생태⇒** 난소와 간장, 피부에는 강한 독이 있으나 정소와 근육에는 독이 없다. 서해안의 금강과 임진강 하구에서 주로 잡힌다.

**이용⇒** 겨울철에 맛이 좋고, 말려서 찜이나 매운탕으로 이용한다. 최근에는 양식도 이루어지고 있다.

## 졸복 *Takifugu pardalis* (Temminck and Schlegel) [참복과]

◆영명 / Panther puffer  ◆일명 / ヒガンフグ (higanfugu)
◆중명 / 豹紋東方鲀 (bào-wén-dōng-fāng-tún)

◆전장 / 30cm
◆분포 / 우리 나라 전 연안, 일본 전 해역, 동중국해
◆이용 / 탕

**특징⇒** ① 피부에 가시는 없지만 피부가 융기된 둥근 돌기들이 있다. ② 꼬리지느러미 뒤 가장자리는 약간 둥글다. 등은 녹갈색 바탕에 다각형의 흑갈색 반점들이 있고, 몸 중앙의 약간 아래쪽에 노란색 세로줄이 있다. 등지느러미와 뒷지느러미, 가슴지느러미는 진한 노란색을 띤다.

**생태⇒** 얕은 바다의 바위 지역에 서식하고, 봄에 조수 웅덩이나 모랫바닥에 산란한다. 피부와 간장, 난소에는 강한 독이 있고 정소에는 약한 독이 있다. 근육에는 독이 없는 것으로 알려졌으나, 최근에는 독이 있는 개체들도 발견되므로 주의해야 한다.

**이용⇒** 식용하기도 하지만 적합하지 않다.

# 흰점복 *Takifugu poecilonotus* (Temminck and Schlegel)  [참복과]

◆영명 / Fine-paterned puffer  ◆일명 / コモンフグ (komonfugu)
◆중명 / 異背東方魨 (yì-bèi-dōng-fāng-tún), 斑点東方魨 (bān-diǎn-dōng-fāng-tún)

◆전장 / 25cm
◆분포 / 제주도를 포함한 남해안
　과 서해 남부, 일본 전 해역
◆이용 / 탕

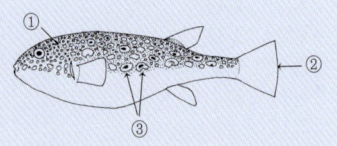

**특징**⇒ ① 등과 배의 피부는 작은 가시들이 돋아 있어 거칠다. ② 꼬리지느러미 뒤 가장자리는 약간 둥글다. 등은 갈색 바탕에 원형의 흰 점들이 배열되어 있고, ③ 각각의 흰 점 안에는 작은 갈색 반점이 있다. 배는 흰색을 띤다. 모든 지느러미는 노란색을 띠고, 꼬리지느러미 가장자리는 어두운 색을 띤다.

**생태**⇒ 연안의 저층부에서 유영 생활을 하며, 갑각류와 조개류, 오징어류, 소형 어류를 먹는다. 난소와 간장, 피부, 정소에 강한 독이 있고 근육에는 약한 독이 있다.

**이용**⇒ 일본에서는 식용으로 적합하지 않은 복어류로 취급하고 있으나, 우리 나라에서는 복탕의 재료로 이용되기도 한다.

# 검복 *Takifugu porphyreus* (Temminck and Schlegel) [참복과]

◆영명 / Genuine puffer, Purple puffer　◆일명 / マフグ (mafugu)

◆중명 / 紫色東方魨 (zǐ-sè-dōng-fāng-tún), 紫色虫紋東方魨 (zǐ-sè-chóng-wén-dōng-fāng-tún)

◆전장 / 45cm
◆분포 / 동해와 남해, 일본 홋카이도 이남, 동중국해
◆이용 / 탕, 찜

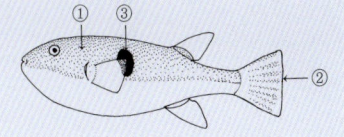

**특징**⇒ ① 피부에 가시가 없고 매끈하다. ② 꼬리지느러미 뒤 가장자리는 직선형이다. 등은 흑갈색 바탕에 밝은 구름무늬가 있고, ③ 가슴지느러미의 상후방에는 크고 검은 반점이 있다. 배는 흰색이고 살아 있을 때 등과 배의 경계면에 노란 줄무늬가 나타난다. 가슴지느러미와 뒷지느러미는 노란색을 띠고, 꼬리지느러미는 검다.

**생태**⇒ 연안의 저층에서 유영 생활을 한다. 난소와 간장, 피부에는 강한 독이 있으나 근육과 정소에는 독이 없다.

**이용**⇒ 복탕과 복찜 등 복요리에 폭넓게 이용된다.

## 흰점참복 *Takifugu pseudommus* (Chu) [참복과]

◆영명 / Eyespot puffer ◆일명 / ナメラダマシ(nameradamashi)
◆중명 / 假晴東方魨(jiǎ-jīng-dōng-fāng-tún)

◆전장 / 40cm
◆분포 / 서해와 남해안, 동중국해 북부
◆이용 / 탕, 찜

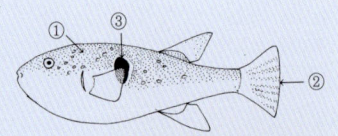

**특징**⇒ ① 몸에 작은 가시들이 돋아 있다. ② 꼬리지느러미 뒤 가장자리는 약간 둥글다. ③ 가슴지느러미의 상후방에는 크고 검은 반점이 있다. 등은 암갈색을 띠고, 다수의 희미한 흰색 반점들이 흩어져 있다.

**생태**⇒ 난소와 간장, 피부에 독이 있으나 정소와 근육에는 독이 없다. 많이 어획되는 종은 아니다.

**이용**⇒ 탕과 찜 등 일반적인 복요리에 이용된다.

❀ 복찜

## 자주복 *Takifugu rubripes* (Temminck and Schlegel) [참복과]

◆영명 / Ocellate puffer, Tiger puffer ◆일명 / トラフグ (torafugu)
◆중명 / 紅鰭東方魨 (hóng-qí-dōng-fāng-tún)

◆전장 / 70cm
◆분포 / 우리 나라 전 연안, 일본
홋카이도 이남, 동중국해
◆이용 / 회, 탕, 튀김

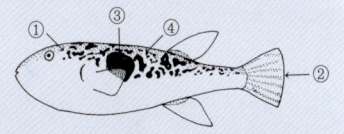

**특징**⇒ ① 등과 배의 피부는 작은 가시들이 돋아 있어 거칠다. ② 꼬리지느러미 뒤 가장자리는 둥글다. ③ 가슴지느러미의 상후방에 크고 검은 반점이 있으며, 반점 주위에는 흰색 테두리가 있다. ④ 등은 검은색 바탕에 흰 반점들이 있다. 등지느러미와 꼬리지느러미는 검은색이고, 뒷지느러미는 흰색이다.

**생태**⇒ 약간 깊은 바다의 저층에서 유영 생활을 하며, 봄~여름에 수심 20m 정도의 모랫바닥에 산란한다. 게와 새우, 어류 등을 먹는다. 난소와 간장에 강한 독이 있으나 정소와 근육에는 독이 없다.

**이용**⇒ 살은 담백하고 맛이 있으며, 가을철에 특히 맛이 좋다. 껍질은 데쳐 먹으면 별미이다. 회로 먹을 때에는 접시 바닥이 비칠 정도로 얇게 써는 것이 좋고, 두꺼우면 맛이 떨어진다. 회를 뜨고 남은 뼈는 매우 구수한 국물 맛을 내므로 탕요리로도 좋다.

## 국매리복 *Takifugu snyderi* (Abe)    [참복과]

◆영명 / Vermiculated puffer ◆일명 / ショウサイフグ (shosaifugu)
◆중명 / 潮際河魨 (cháo-jì-hé-tún)

◆전장 / 30cm
◆분포 / 동해와 남해, 일본 중부
　이남, 남중국해
◆이용 / 탕, 가공 식품

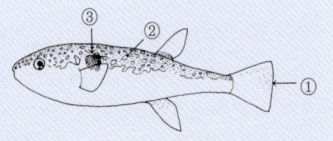

**특징**⇒ 몸에 가시가 없어서 피부는 매끈하다. ① 꼬리지느러미 뒤 가장자리는 직선형이다. ② 등은 진한 흑갈색 바탕에 작고 흰 반점들이 있다. ③ 가슴지느러미 상후방에는 크고 진한 갈색 반점이 있다. 가슴지느러미와 등지느러미는 담황색이고, 뒷지느러미가 흰색을 띠는 것이 특징이다. 몸 색깔이 어린 검복과 비슷하지만, 검복은 뒷지느러미가 노란색이어서 이 종과 구분된다.

**생태**⇒ 수심 100m 미만의 연안에 서식하고, 여름철에 수심 20m의 돌 틈에 산란한다. 난소와 간장, 근육에 강한 독이 있으나 정소에는 독이 없다.

**이용**⇒ 맛이 좋은 반면, 근육에도 독이 있으므로 반드시 전문 요리사가 만든 음식을 먹고, 어린이들은 먹지 않는 것이 좋다.

## 까칠복 *Takifugu stictonotus* (Temminck and Schlegel) [참복과]

◆영명 / Spottyback puffer  ◆일명 / ゴマフグ (gomafugu)
◆중명 / 密点東方魨(mì-diǎn-dōng-fāng-tún)

◆전장 / 40cm
◆분포 / 동해안, 일본 홋카이도
  이남, 동중국해
◆이용 / 탕

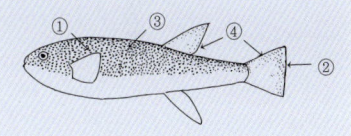

**특징**⇒ ① 등과 배, 가슴지느러미 주변은 작은 가시들이 돋아 있다. ② 꼬리지느러미 뒤 가장자리는 직선형이다. ③ 등은 흰색과 청갈색이 점무늬 형태로 거의 절반씩 섞여 있고, 몸 중앙에는 너비가 넓은 노란 세로줄이 지나며, 배는 흰색이다. ④ 등지느러미와 꼬리지느러미는 어두운 색을 띠고, 뒷지느러미는 진한 노란색을 띤다.

**생태**⇒ 약간 깊은 바다의 저층에서 유영 생활을 한다. 난소와 간장에는 강한 독이 있고, 정소와 근육에도 약하지만 독이 있다. 동해안에서 적은 양이 잡힌다.

**이용**⇒ 매운탕의 재료로 이용되나 맛이 좋은 편은 아니다.

## 매리복 *Takifugu vermicularis* (Temminck and Schlegel)　　[참복과]

◆영명 / Pear puffer　◆일명 / ナシフグ (nashifugu)　◆중명 / 虫紋東方魨 (chóng-wén-dōng-fāng-tún), 輻斑虫紋東方魨 (fú-bān-chóng-wén-dōng-fāng-tún)

◆전장 / 20cm
◆분포 / 서해와 남해안, 일본 남부, 동중국해
◆이용 / 탕, 찜

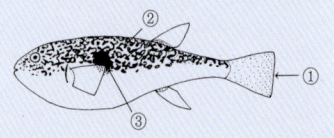

**특징**⇒ 몸에 가시가 없어서 피부는 매끈하다. ① 꼬리지느러미 뒤 가장자리는 직선형이다. ② 등은 연한 갈색 바탕에 흰색의 작은 반점들이 흩어져 있고, 배는 흰색을 띠며, 등과 배의 경계면에 노란색 줄무늬가 나타난다. ③ 가슴지느러미의 상후방에 진한 갈색의 큰 반점이 있다.

**생태**⇒ 피부와 간장에 강한 독이 있고, 근육과 정소에도 약한 독이 있다.

**이용**⇒ 살은 맛이 있다. 근육에 약한 독이 있으나 식용으로 이용하는 데 문제는 없다.

## 까치복 *Takifugu xanthopterus* (Temminck and Schlegel) [참복과]

◆영명 / Striped puffer ◆일명 / シマフグ (shimafugu)
◆중명 / 黃鰭東方魨 (huáng-qí-dōng-fāng-tún), 條紋東方魨 (tiáo-wén-dōng-fāng-tún)

◆전장 / 50cm
◆분포 / 우리 나라 전 연안, 일본
홋카이도 이남, 동중국해
◆이용 / 탕, 찜

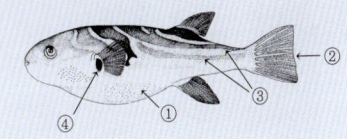

**특징⇒** ① 등과 배의 피부는 작은 가시들이 돋아 있어 거칠다. ② 꼬리지느러미 뒤 가장자리는 직선형이거나 약간 오목하다. ③ 등으로 이어지는 4~5개의 비스듬히 흑청색 줄무늬가 있다. ④ 가슴지느러미 기부에 검은 반점이 있다. 모든 지느러미는 진한 노란색을 띤다.

**생태⇒** 난소와 간장에는 강한 독이 있으나 근육과 정소, 피부에는 독이 없다.

**이용⇒** 복찜과 복탕의 재료로 비교적 많이 이용되지만, 복어류 중에서 맛이 그리 좋은 편은 아니다.

### ❖ 자산어보(茲山魚譜)

1814년, 정약전(丁若銓)이 편찬한 「자산어보」는 101종의 어류의 명칭과 형태 및 생태적 특징, 이용에 관한 내용이 자세히 수록되어 있으며, 우리 나라 어류 연구사에 있어 최초의 단행본이다.

당시의 어업 기술 등을 고려할 때 101종에 대한 기록을 남겼다는 것도 대단하지만, 상어의 생식 방법과 아귀의 유인돌기를 이용한 먹이 사냥 등에 관한 내용은 많은 해부학적 연구와 실제 스쿠버를 하지 않고서는 알아 내기 힘든 내용이어서 후세 사람들을 놀라게 한다.

그렇다면 양반 출신인 그가 어떻게 이처럼 생태적 내용을 자세히 기록할 수 있었을까? 「자산어보」에는 '장창대' 라는 이름이 자주 등장하는데, 정약전은 14년간 유배지인 흑산도에서 생활하면서 바다 생활에 능숙하였던 섬사람 장창대라는 청년의 도움을 받은 것으로 추측된다. 즉, 과학자적인 관찰력을 가진 정약전과, 수중에 직접 들어가는 것이 어렵지 않았던 장창대 두 사람의 노력으로 「자산어보」가 만들어진 것이다.

❂ 서해가 내려다보이는 정약전의 복원된 생가(전남 흑산도)

# 부록

# 용어 해설

**가로줄 무늬(cross band, 橫斑)** : 등에서 배 쪽으로 내려진 수직 줄무늬

**견대(shoulder girdle, 肩帶)** : 가슴지느러미를 지지하는 활 모양의 뼈. 가슴지
느러미를 지지하는 좌우 한 쌍의 골편에 의해 형성되어 있으나 그 형태는
종류에 따라 다르다.

**극조(spinous ray, 棘條)** : 가시처럼 되어 있으며, 끝이 딱딱하고 마디가 없는
지느러미의 줄기

**기름지느러미(adipose fin, 脂鰭)** : 연어류나 메기류에서 등지느러미와 꼬리
지느러미 사이에 위치하고, 기조가 없는 막상의 지느러미

**기부(base, proximal, 基部)** : 몸의 중심부 가까이에 인접한 부분

**기조(fin ray, 鰭條)** : 지느러미막을 지지하는 막대 모양의 골격 구조로 극조
와 연조를 통칭하며, 기조의 숫자는 분류학적으로 매우 중요한 형질이다.

**꼬리지느러미 상엽(upper caudal lobe)** : 위와 아래쪽으로 갈라진 꼬리지느러
미의 윗부분

**꼬리지느러미 하엽(lower caudal lobe)** : 위와 아래쪽으로 갈라진 꼬리지느러
미의 아랫부분

**난생(oviparity, 卵生)** : 난소에서 성숙한 알을 몸 밖으로 배출하여 어미의 몸
밖에서 부화되는 것. 경골어류의 대부분이 여기에 속한다.

**난태생(ovoviviparity, 卵胎生)** : 체내 수정을 하는 어류에서, 난관에서 발생
과정을 거친 배(胚)가 알 속의 난황을 영양분으로 하여 자란 뒤에 어미의
뱃속에서 부화하여 자어로 출산되는 것

**모비늘(scute, 稜鱗)** : 전갱이과 어류의 측선 위에 능선을 형성하는 날카로운
비늘

**무안측(non-eye side, 無眼側)** : 가자미류에서 눈이 없는 측면

**미병(caudal peduncle, 尾柄)** : 뒷지느러미 끝의 연조 기저와 꼬리지느러미 기
저 사이의 부분. 꼬리자루라고도 한다.

**미병 측부 융기선(caudal keel, 尾柄側部隆起線)** : 미병부를 따라 세로로 발달

된 칼날 모양의 육질 융기선으로, 일부 상어류와 다랑어류, 새치류 등 빠르게 헤엄치는 어류에서 볼 수 있다.

**방패비늘(placoid scale, 楯鱗)** : 연골어류에 있는 특유한 비늘이다. 상어류는 몸 표면의 거의 전역에 밀생하여 상어의 피부를 형성하고 있다. 대부분의 가오리류에서는 퇴화되어 가고 있어 몸의 곳곳에 산재하는 정도이고, 전기가오리에는 없다.

**분리 기조(isolate fin ray, 分離鰭條)** : 성대류의 가슴지느러미와 같이 지느러미막이 없이 완전히 분리된 기조

**분리 부성란(isolate pelagic egg, 分離浮性卵)** : 서로 분리되면서 물 위에 뜨는 어류의 알

**분수공(spiracle, 噴水孔)** : 판새어류에서 눈의 뒤쪽에 있는, 몸 속과 몸 표면을 연락하는 한 쌍의 작은 구멍

**비공(nostril, 鼻孔)** : 콧구멍. 머리의 양 옆에 있는 구멍으로, 원구류를 제외한 어류에서는 구강과 연결되지 않으며 외비공만 있다.

**비공 피부판(nasal flap, 鼻孔皮膚板)** : 상어류와 일부 가오리류의 콧구멍 위에 피부가 늘어져 형성된 육질 부분

**세로줄 무늬(longitudinal band, 縱斑)** : 몸의 주둥이에서 꼬리 쪽으로 길게 이어지는 수평 줄무늬

**안전골(preorbital bone, 眼前骨)** : 턱과 눈 앞 사이에 있는 골격

**연조(soft ray, 軟條)** : 지느러미막을 지지하는 기조의 일종으로 부드럽고 마디로 되어 있으며, 끝이 갈라진 분지 연조와 갈라지지 않은 불분지 연조가 있다.

**유안측(eye side, 有眼側)** : 가자미류에서 눈이 위치하고 있는 쪽

**유인돌기(illicium, 誘引突起)** : 등지느러미가 변형된 형태로, 먹이를 유인하는 데 사용되는 구조물

**육봉형(land-locked form, 陸封型)** : 해수와 담수를 왕래하는 종이 담수에 적응하여 일생을 담수에서 생활하는 형 예 산천어

**인판(scutes, 鱗板)** : 청어목 및 큰가시고기과 어류의 배에 나타나는 날카로운 비늘 구조

입술주름(labial furrows, 脣溝) : 상어의 입 양쪽 가장자리에 형성된 주름

자어(larva, 仔魚) : 부화 후 각각의 지느러미 기조 수가 일정하게 될 때까지의 어린 새끼 물고기

전새개골(preopercle, 前鰓蓋骨) : 아가미뚜껑의 가장 앞부분을 구성하는 막질의 골편

전장(total length, 全長) : 몸의 앞 끝에서 꼬리지느러미 뒤끝까지의 직선 거리

지검(adipose eyelid, 脂瞼) : 숭어류에서와 같이 지방 성분으로 눈을 덮고 있는 투명한 막의 구조. 기름눈꺼풀이라고도 함.

지느러미막(fin membrane, 鰭膜) : 지느러미의 기조와 기조 사이에 있는 막

체반(disc, 體盤) : 가오리류에서 꼬리 부분을 제외한 머리와 몸통 부분

측선(lateral line, 側線) : 아가미구멍 뒤에서 꼬리지느러미 앞까지 이어지는 선으로, 물의 흐름이나 압력을 감지한다.

측선비늘(lateral line scale, 側線鱗) : 측선을 이루는 특수한 구조를 가진 비늘. 어류의 중요한 감각기로, 측선비늘 수는 분류의 주요 형질이 된다.

치어(juvenile, 稚魚) : 후기 자어 이후 물고기의 겉모양은 잘 나타나지만, 반문과 몸 색깔 등이 성숙한 개체와는 구별되는 어린 개체

침성란(demersal egg, 沈性卵) : 비중이 물보다 커서 바닥에 가라앉든지 다른 물체에 부착하는 알

태생(viviparity, 胎生) : 태반을 통하여 영양분을 공급받아 자란 뒤에 새끼 상태로 출산되는 것

토막지느러미(fin-lets, 小離鰭) : 등지느러미나 뒷지느러미의 뒤쪽에 있는 돌기 모양의 작은 지느러미로, 꽁치, 고등어, 가다랑어 등에서 볼 수 있다.

피습(dermal fold, 皮褶) : 머리나 몸 일부분에 피부가 돌출되어 형성된 주름

피판(cirri, 皮瓣) : 머리나 몸통에 조류의 벼슬이나 깃털처럼 가늘고 길게 나 있는 돌기물

후두부(occiput, 後頭部) : 눈에서 등편 뒤쪽의 머리 부분

흡반(sucker, 吸盤) : 몸의 일부가 둥글게 변형되어 다른 물체나 생물체에 흡착하기 위한 반상 구조. 예 빨판상어류의 제1등지느러미가 변형된 구조와 망둑어과 어류의 배지느러미가 유합되어 형성된 구조

# 학명 찾아보기

# 한국명 찾아보기

# 참고 문헌

- 김익수, 최윤, 이충렬, 이용주, 김병직, 김지현. 2005. 한국어류대도 감. 교학사, 615pp.
- 김용억, 명정구, 김영섭, 한경호, 강충배, 김진구. 2001. 한국해산어 류도감, 382pp.
- 김익수, 김용억. 1997. 한국동물명집. 한국동물분류학회, 489pp.
- 일본어류학회 편. 1981. 일본산어명대사전, 834pp.
- 이순길, 김용억, 명정구, 김종만. 2000. 한국산어명집. 정인사, 219pp.
- 최윤, 김지현, 박종영. 2002. 한국의 바닷물고기. 교학사, 640pp.
- 한국해양연구원. 2004. 해양생물대백과(1-4권). 고려사. (일본 '海洋生物大百科' 번역서)
- 오창영, 등명노, 강병수, 신민교, 이장천. 2002. 약용동물학. 의성당, 837pp.
- Nakabo, T. 2002. Fishes of Japan with pictorial keys to the species, second edition. Tokai Univ., Tokyo, 1748pp.
- Masuda, H.K., Amaoka, C., Araga, T., Uyeno and T. Yoshino, 1988. The fishes of the Japanese Archipelago. Tokyo Univ. Press, i-xxii+1~437, pls. 1~370.
- Nelson, J.S., 1994. Fishes of the World, 3rd ed. John Wiley & Sons, New York, xvii+600pp.
- 尼岡邦夫・仲谷一宏・矢部衛, 1995. 北日本魚類大圖鑑. 北日本海洋センター. 札幌, 387pp.
- 多紀保彦・河野博・坂本一男・細谷和海, 2005. 新訂原色魚類大圖鑑. 北隆館. 東京, 968pp.
- 李藝民・虞孟華・万希鵬・丁明信・汪家驊・庄佩君・傅和平・高華明・石建新・蔡慧萍・顧鶴雅・張友忠・錢天況・丁文苗・劉瑞延・陳金利・沈君法・方善紅・張捷・方杰, 1999. 日拉英俄漢魚類名稱. 海洋出版社. 北京, 710pp.

**Kyo-Hak**
**Mini Guide** 7

# 식용 **바닷물고기** ·

초판 1쇄 발행/2007. 5. 20
재판 2쇄 발행/2020. 1. 10

지은이/최윤
펴낸이/양진오
펴낸곳/(주)교학사

기획/유흥희
편집/황정순
디자인/이수옥
교정/차진승 · 하유미 · 김천순
원색 분해 · 인쇄/본사 공무부

저자와의
협의에 의해
검인 생략함

등록/1962. 6. 26.(18-7)
주소/서울 마포구 마포대로14길 4(공덕동)
전화/편집부 · 707-5205 영업부 · 707-5146
팩스/편집부 · 707-5250 영업부 · 707-5160
대체/012245-31-0501320
홈페이지/http://www.kyohak.co.kr

**Sea Fishes for Food**
*by* Choi Youn

Published by Kyo-Hak Publishing Co., Ltd., 2007
4, Mapo-daero 14-gil, Mapo-gu, Seoul, Korea
Printed in Korea

ISBN 978-89-09-10274-2 96490

## 원색도감 한국의 자연 시리즈

4 · 6판/고급 양장본/각권 35,000원